AF452548

NOUVELLE MÉTHODE

DE

TAILLE DES ARBRES

FRUITIERS

ET

DE LA VIGNE.

Evreux, A. Hérissey, imp. — 559.

NOUVELLE MÉTHODE

DE

TAILLE DES ARBRES

FRUITIERS

ET

DE LA VIGNE

PAR

PICOT-AMETTE

HORTICULTEUR.

❦

PARIS

LIBRAIRIE CENTRALE D'AGRICULTURE ET DE JARDINAGE

QUAI DES GRANDS-AUGUSTINS, 41

— **Auguste GOIN**, Éditeur. —

1859

———

J'ai publié en 1848 un écrit intitulé : *Pratique raisonnée de l'Arboriculture*, dont une seconde édition, publiée en avril 1855, est épuisée. Malgré le bienveillant accueil que ce travail a obtenu et l'attention particulière dont il a été honoré dans les cours d'enseignement professés à Paris, je crois devoir renoncer à en publier une troisième édition.

Le titre que je m'étais laissé entraîner à donner à mon livre allait au delà de ma pensée, et il était au-dessus de mes forces de répondre complétement à ce que son titre semblait promettre. Il est d'ailleurs résulté du défaut de clarté ou des vices de rédaction de quelques passages essentiels de mon texte des interprétations erronées que j'ai à cœur de ne pas laisser se propager. Je suis ainsi conduit à offrir aux arboriculteurs un nouveau travail consacré presque exclusivement à l'exposition succincte de la méthode particulière que je crois avoir appliquée le premier à la taille des arbres fruitiers et de la vigne. J'ai joint à mes descriptions des figures qui permettront de suivre, dans leurs moindres détails, les opérations successives que je pratique sur mes arbres pour leur donner, en aussi peu de temps que possible, la forme la plus convenable, et surtout pour hâter en eux le moment de la fructification sans les épuiser. J'ose croire que ce travail facilitera l'intelligence de mes procédés, au point de les rendre susceptibles d'une application immédiate pour les personnes mêmes qui ne possèderont que les principes généraux de l'arboriculture. Enfin je me plais à espérer que les maîtres de la science et les amateurs distingués qui ont accueilli favorablement mes précédentes publications, tout imparfaites qu'elles sont, voudront bien me continuer une beinveillance dont je leur offre ici mes sincères remercîments.

NOUVELLE MÉTHODE

DE

TAILLE DES ARBRES

FRUITIERS

ET

DE LA VIGNE.

CHAPITRE PREMIER.

PLANTATION.

La plantation est une opération très-importante qui exige beaucoup de soins, et que souvent l'on fait trop à la légère. Je vais entrer dans quelques détails sur les moyens qui m'ont presque toujours réussi, et je m'efforcerai de le faire avec le plus de clarté possible.

Lorsqu'un terrain n'est ni trop froid ni trop humide en hiver, je commence mes plantations en automne, sans exception d'espèce ; car j'ai reconnu que cette opération, faite à l'arrière-saison, amène de meilleurs résultats que lorsqu'elle a lieu au printemps.

Je fais mes trous ou tranchées avant les pluies d'automne, si je le peux, parce que ces pluies sont chargées de gaz atmosphériques qui, par leur action puissante, procurent au sol une fécondité dont les effets se font longtemps sentir. Il est facile de comprendre qu'une terre mise à l'air absorbe les eaux pluviales et les gaz de l'air, qui, principalement dans un terrain sec, décomposent les matières organiques. Pour planter dans un terrain humide, je préfère les mois de février et de mars : chacun peut en apprécier les avantages. Lorsque je dois planter plusieurs arbres en droite ligne et assez près l'un de l'autre, je préfère, au trou d'un mètre carré qu'on a l'habitude de creuser, une tranchée continue ; car, lorsqu'on est obligé d'arriver à une certaine profondeur, on est tellement gêné pour enlever la terre du fond de ce trou, que les parois, durcies par les piétinements, surtout dans les endroits humides, conservent l'eau, malgré tout ce que l'on peut faire pour en crever les côtés et ameublir la terre, de sorte que l'arbre s'y trouve comme un oranger dans une caisse. En outre, en manœuvrant cette terre pour l'ameublir, afin de ne pas mettre de trop grosses mottes autour des racines, on l'amènera à l'état de mortier, et dans cet état elle perdra la plus grande partie de ses qualités normales.

En ouvrant une tranchée, au contraire, il n'en est pas de même, et cela s'explique facilement ; car, ladite tranchée une fois ouverte, on n'a plus qu'à prendre la terre devant soi, en mettant d'un côté la couche labourable, celle du dessus, et en jetant de l'autre celle du fond de la tranchée, de manière qu'au moment de la plantation il soit possible de mettre la bonne terre autour des racines afin de favoriser la reprise du sujet, et que la terre du fond, se trouvant à la surface, soit susceptible d'être améliorée par les engrais et la culture.

Lorsque la tranchée est faite, il est très-utile, avant de planter, d'en labourer le fond pour l'assainir et empêcher l'eau d'y séjourner, s'il survenait des pluies abondantes avant la plantation.

Je ferai observer aussi qu'il est très-mauvais pour l'avenir d'un arbre que l'on plante dans un terrain peu profond de descendre la tranchée dans le sous-sol, qui ne contient aucune des qualités indispensables à la végétation ; dans ce cas, on a l'habitude d'y apporter tout ce que l'on peut trouver de meilleur en terres et en engrais, et l'on commet une erreur.

En effet, il est facile de comprendre qu'en mettant au fond du trou ou de la tranchée ce qu'il y a de plus fort en humus, les racines ne tarderont pas à traverser cette terre rapportée, et à arriver au véritable sol ; alors l'arbre jaunira, il aura la chlorose et cessera de produire. N'eût-il pas mieux valu n'améliorer qu'aux limites ou niveau de la couche végétale, afin que les racines puissent courir et s'étendre sans changer de nature de terre ?

Il est aussi très-important d'avoir un bon pépiniériste connaissant bien la manière de végéter de chaque nature d'arbre, afin qu'il puisse vous donner des espèces susceptibles de s'acclimater dans tel ou tel terrain, des sujets dont les racines courent horizontalement ou qui s'enfoncent dans la terre suivant la profondeur du sol.

Avant que de planter, il est bon de connaître la nature du sol, afin de savoir s'il convient à l'espèce ou à la variété de fruit que l'on se propose de lui confier; l'exposition est aussi une question essentielle extrèmement délicate, et sur laquelle la plume ne peut donner que des idées générales très-imparfaites; il en est de même pour la distance à conserver entre deux arbres. L'espace laissé libre entre deux sujets doit être calculé d'après la force végétative probable que chacun d'eux pourra acquérir, et la forme qu'on désirera leur faire prendre : on doit aussi tenir compte de l'espèce du sujet sur lequel l'arbre est greffé. Comme les arbres sur franc peuvent vivre deux ou trois fois plus longtemps que ceux greffés sur une autre essence, il est évident qu'ils sont destinés à acquérir beaucoup plus de volume en hauteur et en largeur : il est donc indispensable de prendre ses mesures pour l'avenir; car, lorsque deux arbres également vigoureux viennent à se rencontrer, on est obligé d'en raccourcir les branches, d'où résulte un refoulement de séve dans les boutons à fruits, puis des bourgeons anticipés que l'on devra arrêter par le pincement. Mais comme ces bourgeons sont déterminés par un excès de séve, ce pincement forcera les rameaux voisins à ouvrir leurs canaux séveux, pour donner issue à cette séve chassée de son cours naturel; et chacune des branches qui aura absorbé une partie de cette séve refoulée ne manquera pas de prendre plus de force chaque année, et de compromettre en peu de temps l'équilibre, la forme et l'harmonie du sujet.

Doit-on planter peu ou très-profond?... Cela tient également à la nature du sol. Quand la terre est bonne et profondément convenable à la végétation, on ne doit jamais enterrer la greffe, surtout dans les terrains humides, quelle que soit la nature de l'arbre. Pour obvier à cet inconvénient, il faut, lors de la plantation, élever son arbre au-dessus du sol, à une hauteur calculée d'après la nature plus ou moins solide des substances qu'on a introduites au pied. En effet, si ces matières, lorsqu'elles seront en putréfaction, venaient à s'affaisser par trop, l'arbre descendrait d'autant, car il est bien entendu qu'on ne doit pas fouler une terre humide sur les racines, et qu'il vaut infiniment mieux y amonceler la terre nouvellement remuée, et la laisser se tasser elle-même par l'effet du temps et des pluies.

Dans un terrain sec, brûlant et léger, au contraire, il faut agir tout différemment, et calculer que, le sous-sol étant également sec, la première couronne des racines du sujet, celles d'où dépendent principalement son existence et sa production, se trouverait stérilisée par les chaleurs pénétrantes de l'été, si elle n'était enfouie à une certaine profondeur : j'ai même reconnu que, dans ces conditions, il est très-avantageux d'enterrer la greffe à 4 ou 5 centimètres au moins.

Dans un terrain peu profond et qu'on ne peut défoncer, il faut répandre une couche de bonne terre que l'on dispose en plate-forme, que l'on foule avec soin pour recevoir le pied de l'arbre, afin d'empêcher ses racines de s'enfoncer trop vite et de gagner le mauvais sol, dont le contact engendrerait bientôt la chlorose. Dans un terrain de cette nature, il faut, après avoir employé le moyen que je viens d'indiquer, couper très-court les racines dites *pivots*, ainsi que toutes celles qui tendraient à s'enfoncer, et placer ensuite l'arbre sur la plate-forme en allongeant horizontalement les autres avec la main. Ceci fait, on recouvre ces racines de bonne terre, si l'endroit est convenablement amendé : elles tendront plutôt à remonter vers la surface qu'à s'enfouir.

On doit, en outre, faire entrer, toujours avec la main, de la terre entre les petites racines, afin de n'y laisser aucune de ces cavités qui occasionnent le *blanc* et font périr ces racines ; il faut encore, avant la plantation, présenter le sujet à la place qu'il doit occuper, pour savoir tout de suite s'il y sera convenablement, et ne pas avoir à le soulever et à le refouler pour faire couler la terre entre les racines, car alors elles se trouveront ployées, contournées, et les précautions que je viens d'indiquer auront été rendues inutiles.

§ 1. — Du choix des arbres pour la plantation. — Presque tous les cultivateurs, lorsqu'ils choisissent des arbres pour planter. s'attachent aux plus gros et aux plus vigoureux ; cependant ceux-ci présentent moins de chances pour reprendre que les petits, et ceci est facile à comprendre : un arbre, quand il est gros et vigoureux, dénote qu'il est dans un bon terrain, et que ses racines y ont pris dans tous les sens une très-grande extension; de sorte que, malgré toutes les précautions que l'on prendra pour l'arracher (précautions qu'on ne prend jamais, soit dit en passant), malgré, dis-je, toutes ces précautions, une grande partie des racines restera dans le sol; car bien souvent les arbres vigoureux ne développent que trois ou quatre grosses racines pivotantes qui ont fait périr toutes celles qui les environnaient (absolument comme fait une branche gourmande), et qui se sont étendues à une très-grande profondeur : ce sont pourtant là les sujets que le pépiniériste ne manque jamais de vanter le plus. Quoi qu'il en soit, l'arbre plus petit, ayant des racines plus nombreuses, moins profondément enfoncées, et par conséquent plus faciles à extraire du sol, devra être choisi de préférence. Ces racines étant moins grosses, si quelques-unes d'entre elles viennent à se rompre, les plaies en seront plus faciles à cicatriser; et comme les branches se trouvent presque toujours en rapport avec elles, lesdites branches seront également plus nombreuses, et les yeux s'y développeront en plus grande quantité au printemps.

Ce que je viens de dire n'a trait qu'aux arbres de pépinières, âgés d'un an ou deux ; quant aux sujets plus gros et plus vieux, ils présentent pour la nécessité de la transplantation des obstacles plus nombreux et plus grands. En effet, dans les arbres d'un certain âge, les fibres ligneuses se sont d'autant plus resserrées et durcies que le calibre des vaisseaux séveux se trouve plus sensiblement diminué, et la séve circule plus difficilement sous leur écorce rugueuse et gercée. En supposant que dans un terrain riche en humus, et à force de soins dans la transplantation, ces arbres pussent reprendre, il faudrait toujours les receper à 25 ou 30 centimètres pour faire sortir les branches latérales dont ils seraient dépourvus et qui sont indispensables pour faire de beaux espaliers et des quenouilles. Ce recepage indispensable à tous, ces accidents sont autant d'obstacles à la marche de la séve, autant de causes de dépérissement.

J'ai sous ma direction plusieurs arbres qui ont été transplantés dans ces conditions, qui, malgré trois ou quatre années de plantation, et malgré les soins les plus minutieux, ne donnent que des rameaux qu'on peut tailler seulement de loin en loin, dont la taille n'est pas même assurée, et qui ne donnent que des fruits imparfaits et incapables de mûrir; tandis que, à côté, de jeunes et vigoureux sujets projettent des branches d'une bonne force, sur lesquelles on peut compter pour l'avenir, et dont les fruits sont beaux et savoureux. Depuis longtemps j'étais convaincu, et la pratique est venue confirmer chez moi cette conviction, que, pour plusieurs raisons, il est avantageux de choisir des arbres d'un an ou deux de greffe : d'abord, un jeune arbre a les racines moins longues, moins grosses, et par conséquent il y a moins d'inconvénient à en supprimer lors de sa transplantation ; ensuite, les plaies occasionnées par cette suppression seront moins difficiles à cicatriser ; enfin, le recepage à 20 ou 25 centimètres du sol fera projeter naturellement les branches latérales, puisque les yeux ne seront pas encore éteints comme à la deuxième année.

§ 2. — Un mot sur les pépinières et les pépiniéristes. — J'ai déjà dit, dans la première édition de mon précédent ouvrage, que si les pépiniéristes, au lieu de laisser pousser les greffes en baguettes de 1 mètre pour donner à leurs arbres une inutile apparence, pinçaient le bourgeon de cette greffe dès qu'il a atteint 30 centimètres de haut, en n'enlevant que l'extrémité de ce bourgeon, le sujet n'éprouverait aucune crise ; la séve continuerait sa marche en grossissant, en allongeant le bourgeon et en faisant sortir de ses aisselles d'autres bourgeons qui se mettraient en rapport avec la tige, et permettraient d'établir, dès la taille suivante, la forme qu'autrement on ne peut établir que quelques années plus tard, après leur transplantation et par le recepage, comme je l'ai indiqué plus haut : heureux encore quand on a le bonheur de rouvrir les yeux éteints ! Que de chances de succès n'aurait-on pas ainsi, puisque, dès la première année, on posséderait dans le bas de son arbre une série de branches que l'on pourrait augmenter tous les ans, suivant les besoins que l'on en aurait pour la forme et la charpente! Ce principe une fois suivi, l'arbre ne manquerait jamais, s'il était conduit par une main habile, de maintenir son équilibre; les branches charpentières seraient établies en même temps que le tronc, les canaux séveux se formeraient si naturellement que la séve ne dévierait jamais de son cours, à moins qu'une main inhabile ne vînt en entraver la marche : un arbre ainsi traité ne cesserait jamais, quand il serait gros, d'avoir une végétation luxuriante et de donner d'abondantes récoltes. Toutefois, pour obtenir ces magnifiques résultats, il faudrait encore qu'il eût été arraché, comme je l'ai indiqué dans le paragraphe qui précède, avec le plus de racines possible, et qu'ensuite le pied fût entretenu dans un bon état de fraîcheur pendant l'été, en répandant sur les feuilles de l'eau en forme de pluie au moyen d'une pompe à main ou bien d'un arrosoir à pomme fine; il faudrait, en outre, savoir le ménager au commencement de sa formation et favoriser ses branches à fruits.

Ce principe, une fois bien compris, fera supprimer complétement la taille en vert, parce que l'on sentira qu'il est inutile de laisser se développer des racines qni doivent absorber de la nourriture en pure perte, puisqu'en faisant la taille en vert on coupe beaucoup de branches; et, ce qu'il y a de pis encore, c'est qu'en supprimant ces branches où la séve était habituée à couler on supprime ses canaux ordinaires; de sorte que, ne les retrouvant plus quand elle y arrive, elle se jette de tous les côtés pour se frayer un passage : elle fait pousser en branches à bois une foule de boutons à fruits, et jette la perturbation dans l'économie végétale du sujet.

§ 3. — Nature des sujets à choisir pour la plantation. — Dans un terrain où la végétation est faible, il vaut mieux planter des arbres greffés sur franc que greffés sur des nains, attendu qu'étant plus vivaces ils se défendront mieux contre le mauvais sol; mais dans une bonne terre, dans une terre de végétation facile, il sera plus avantageux, surtout pour les personnes qui ne savent pas maîtriser un arbre et le faire produire à leur gré, de planter des sujets greffés sur des nains, qui vivent moins longtemps, mais qui produisent plus vite et souffrent moins de la négligence et de l'incapacité.

Pour moi, peu m'importe la nature du terrain, excepté toutefois celle qui refuse complétement les arbres greffés sur franc (je ne crains pas de dire qu'il en est très-peu dans d'aussi mauvaises conditions), car partout où j'ai travaillé, dans toutes les circonstances, je me plais à planter des arbres sur franc, et je récolte aussitôt que sur ceux greffés sur cognassier, épine, paradis, etc.; et non-seulement je récolte aussitôt, mais j'ai l'avantage de voir mes arbres vivre deux ou trois fois plus longtemps. Indépendamment des avantages qui précèdent, un arbre greffé sur franc, acquérant une force végétative toujours plus considérable, parviendra à un degré surprenant de force et de beauté; il tiendra la place de deux ou trois arbres nains, et ses fruits, alimentés par des racines qui iront chercher les sucs nourriciers à travers des couches souterraines très-étendues, obtiendront un développement et une saveur extraordinaires; de cette façon, on n'est pas obligé de planter les arbres les uns sur les autres pour garnir un mur d'espaliers et de contre-espaliers; la terre n'est pas dévorée par des myriades de racines, et si plus tard on veut planter entre deux sujets, on y trouve un terrain neuf.

Des arbres traités ainsi n'ont qu'une existence précaire, ne donnent que très-peu de fruits, et ces fruits sont pierreux, petits et de mauvaise qualité : ne vaudrait-il pas mieux n'avoir qu'un arbre dont les fruits seraient abondants et savoureux ?

J'ai vu souvent planter dans un même terrain toutes les espèces indistinctement, sans se préoccuper si l'essence du sujet est en rapport avec celle de ce terrain; et c'est d'après des expériences faites ainsi sans réflexion que l'on se dit : « Telle espèce ne vient pas dans telle terre. » Ne serait-il pas plus raisonnable de se préoccuper si les racines du sujet sur lequel on a greffé sont ou ne sont pas susceptibles de s'acclimater dans le sol qu'on lui destine? En effet, les recherches que j'ai faites à cet égard ont toujours été couronnées de succès, et quand une espèce ne réussissait pas dans un terrain, je la greffais sur un autre sujet dont je croyais les racines plus en harmonie

avec la nature du sol ; et j'ai obtenu, de cette façon,
des fruits très-beaux, des arbres bien portants et la
satisfaction d'avoir ce que je désirais. Ayant appris
que dans plusieurs jardins on avait renoncé à cultiver le pêcher, j'en demandai la cause, et l'on me
répondit que cet arbre n'y pouvait vivre parce que le
sous-sol était trop froid et trop humide. Ayant pensé
que ce n'était pas le pêcher, mais bien l'arbre sur
lequel on l'avait greffé qui ne pouvait vivre dans ces
terrains, j'en fis l'expérience ; je plantai des pruniers
dans des terres analogues, je greffai dessus et j'obtins
de magnifiques résultats. C'est donc à l'homme qui
plante à savoir quelle nature de sol convient à telle
nature d'arbre : ainsi il est des terres qui exigent le
cognassier, d'autres le franc, et il en est même qui
demandent le sauvageon des bois. Cet arbre a
l'immense avantage de chancrer beaucoup moins
que les autres, et cette considération devrait le faire
rechercher davantage.

CHAPITRE II.

DE LA TAILLE.

La taille a pour but de procurer une séve plus abondante, plus de propreté et de durée aux arbres : cette opération, quand elle est bien entendue, est le chef-d'œuvre de l'art arboricole. C'est elle qui débarrasse les sujets de leurs branches chiffonnes, des boutons à fruits latents qui vivent aux dépens des boutons productifs , qui fait tomber des branches fruitières épuisées, et retranche toutes les productions inutiles. C'est encore par la taille que l'on peut disposer avantageusement les branches futures, que l'on conserve les boutons à fruits et ceux qui paraissent propres à le devenir; c'est d'elle que dépendent la configuration de l'arbre et la répartition de la séve dans toute la charpente, quand cette charpente est bien établie. Mais pour cela il ne faut pas tout sacrifier aux proportions, à la régularité des formes, comme le font beaucoup d'amateurs, qui ne visent qu'au coup d'œil : le cultivateur intelligent doit avant tout aviser à ce que les branches sortent à leur place, établir les principales comme charpentières, et savoir favoriser les branches à fruits: c'est à ces conditions seulement qu'il obtiendra des récoltes abondantes, et qu'il conservera ses arbres bien portants. Dans presque tous les jardins, on voit des

arbres dépourvus de branches dans le bas, tandis
que, dans l'ordre naturel des choses, celles du bas,
étant les plus âgées, devraient être plus vigoureuses
que les autres; on voit encore des branches très-
faibles à côté de branches très-fortes : ceci tient à
la mauvaise manière d'établir les bras supérieurs, qui,
comme on le fait ordinairement, se nourrissent au
détriment des dessous, qu'ils appauvrissent de telle
sorte que ceux-ci ne peuvent plus produire que des
feuilles et des fleurs; et si par hasard ils rapportent
des fruits, ces fruits sont chétifs et d'un goût détes-
table. Cela dépend de ce que, lorsqu'on plante un
arbre en espalier, on a l'habitude de le laisser dans
la position que le pépiniériste lui a fait adopter; mais
le pépiniériste, dont l'intérêt n'est pas identique à
celui du propriétaire, fait des arbres qu'il allonge
par la taille, afin de leur donner une apparence flat-
teuse, d'où il résulte que tous ses élèves se trouvent
dépourvus de branches par le bas. Si, d'arbres plantés
dans ces conditions, l'on veut faire des espaliers ou
des contre-espaliers, comme ils manquent de branches convenables pour garnir le bas du mur, on
abaisse celles du haut, de façon que, l'intérieur se
trouvant dégarni, on tire des branches voraces et
gourmandes qui prennent naissance sur les premières, et l'on se félicite en voyant se garnir l'intérieur de ses arbres sans s'apercevoir qu'au fur et à
mesure que l'on multiplie les maîtresses branches
on arrête le progrès de celles du dessous. Il est pourtant facile de voir que, quand une branche a pris nais-

sance sur une autre, elle ne manque jamais de profiter aux dépens de cette dernière et de s'élargir à sa base, par la raison que la séve, trouvant dans l'empatement de la branche supérieure une issue plus large, s'élance perpendiculairement suivant l'ordre de la nature, et déserte les conduits courbés et difficiles de celle du dessous. De cette façon, la végétation de cette dernière est complétement arrêtée, puisque ces fibres cellulaires qui couraient directement d'un bout à l'autre se trouvent interrompues à la naissance de la branche supérieure, et celle-ci profite d'une manière anormale jusqu'à ce qu'un jour une branché nouvelle, sortie de ses flancs, vienne la stériliser comme elle-même a stérilisé celle qui la supporte, et ainsi de suite.

On comprend qu'avec un tel vice d'organisation dans la charpente, l'arbre finit toujours par dépérir partiellement, et qu'il est impossible d'empêcher les branches du bas de se détériorer au bénéfice de celles du dessus, bien que, dans l'ordre naturel, les premières, étant les plus anciennes, dussent être les plus longues, les plus fortes, et avoir le plus de fruit. Plusieurs jardins que j'ai été appelé à soigner, et qui avaient toujours été tenus jusque-là par des jardiniers qui pourtant jouissent d'une grande réputation, avaient leurs espaliers dans l'état le plus pitoyable, parce qu'ils étaient charpentés de la sorte, et je pus m'y convaincre que la forme carrée et celle en éventail, adoptée par bon nombre de mes confrères, sont les plus susceptibles de donner prise aux empatements.

Je me borne à ces généralités, qui trouveront leur application à l'article de la taille spéciale de chaque arbre.

PREMIÈRE DIVISION.

DU PÊCHER.

La description du pêcher et de ses différentes espèces, les détails relatifs à sa plantation et à sa greffe se trouvent dans tous les ouvrages d'arboriculture: les reproduire serait surcharger inutilement mon travail. Je passe donc immédiatement à la taille à bois de cet arbre exécutée d'après ma méthode particulière, et sous les deux formes qui sont aujourd'hui le plus généralement adoptées, savoir : la *palmette simple* et la *palmette double* ou en U. Je traiterai ensuite de la taille de sa branche à fruit.

§. 1er. — **Palmette simple.** — *Première année.* — Je suppose que j'opère sur un sujet de pépinière ayant un an de greffe et représenté *fig. 1.* Je choisis sur les côtés de ce sujet deux yeux, tels que *a, b,* placés autant que possible vis-à-vis l'un de l'autre et situés à environ 30 centimètres du sol. Je taille en *c,* à deux yeux au-dessus des yeux *a, b,* afin de me ménager le moyen de remplacer le bourgeon d'élongation s'il venait à éprouver quelque accident. Sans cette précaution, je pourrais être forcé de

Fig. 1.

rabattre le sujet sur un des deux yeux *a*, *b*, et je perdrais une année. Pour conserver la perpendicularité de la branche mère, j'ai toujours soin que l'œil *d*, qui est destiné à produire le bourgeon d'élongation, soit placé en avant ou en arrière du sujet. Le résultat de cette taille est de faire développer les yeux *a*, *b* en premières sous-mères, *a d*, *b c*, et de produire le bourgeon d'élongation *h g* (*fig. 2*); *h* est le point où

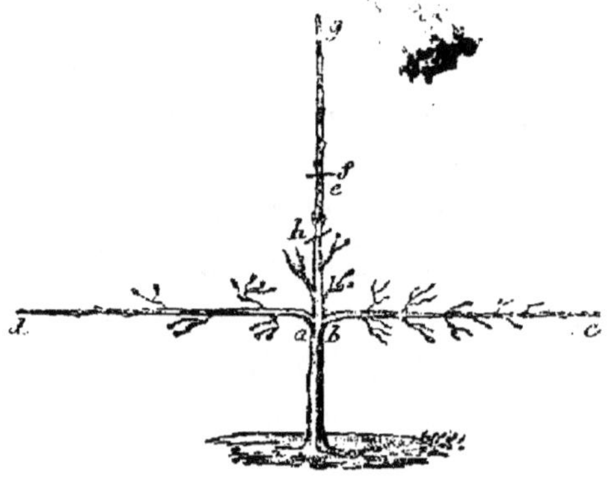

Fig. 2,

la taille a été pratiquée. En mai, je choisis un œil, *e*, placé en avant ou en arrière de la tige du sujet et à une hauteur de 30 centimètres environ au-dessus des premières sous-mères *a d*, *b c*; puis je pince le bourgeon d'élongation *h g* immédiatement au-dessus de l'œil, *e* en *f*. Le but de cette opération préparatoire sera expliqué à l'article de la taille de seconde année. La *fig. 3* représente l'état de l'arbre à la fin de la première année; *k g* est le bourgeon d'élongation qui s'est développé à la suite du *pincement* pratiqué en *f*.

Deuxième année. — Le pincement qui a été fait l'année précédente en *f* *(fig. 3)* donne lieu à la for-

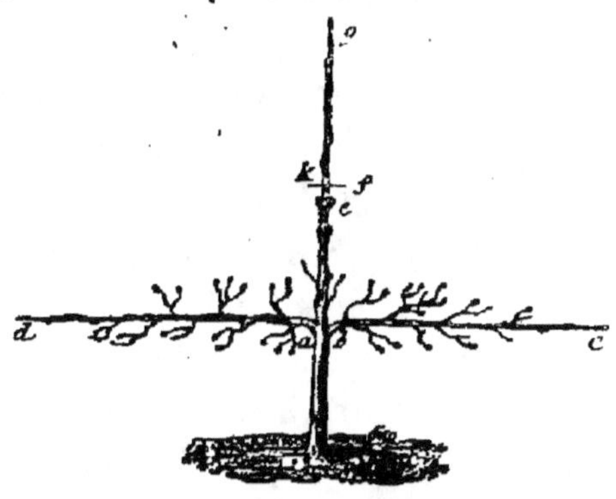

Fig. 3.

mation de trois yeux, dont deux latéraux, *a*, *b* *(fig. 4)*, parfaitement opposés, doivent produire les secondes sous-mères, et un troisième, *c*, placé au milieu des deux autres, qui fournit le bourgeon d'élongation. Le dessin au trait de la *fig. 4* indique l'évolution future des deuxièmes sous-mères et du bourgeon d'élongation. On

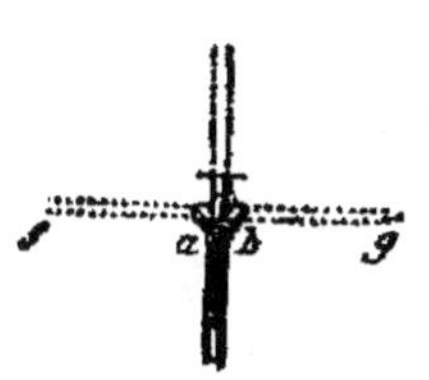

Fig. 4.

conçoit maintenant pourquoi l'œil triple doit être placé en avant ou en arrière de la branche mère; car, s'il était sur les côtés, le développement des yeux *a*, *b* *(fig. 4)* ne pourrait avoir lieu dans la direction transversale *a f*, *b g*, et l'opération serait manquée. Si, ce qui arrive très-rarement, l'œil *e*, *(fig. 4 bis)*, ainsi préparé, ne se trouvait pas triple, il faudrait rabattre le bourgeon qui le porte sur un

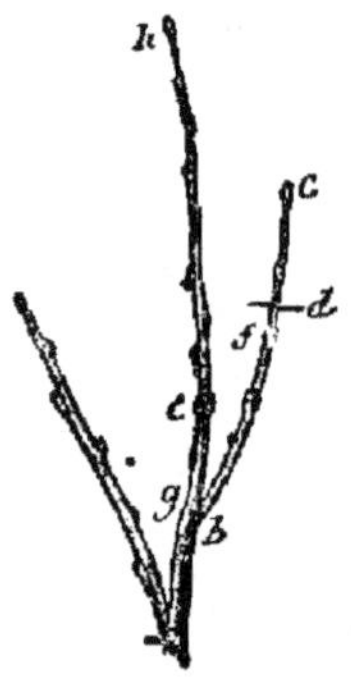

Fig. 4 bis.

des bourgeons inférieurs, *b c* par exemple, puis pincer en *d*, au-dessus de l'œil *f*, pris sur ce bourgeon et placé en avant ou en arrière; le bourgeon *b c* serait ensuite palissé perpendiculairement pour remplacer le bourgeon retranché, *g h*. Il est donc prudent de ne pincer les bourgeons qui se développent au – dessous de l'œil préparé que lorsqu'on a acquis la certitude que cet œil est triple. Je suppose que l'œil *e (fig. 3)* est dans ces conditions; je taille

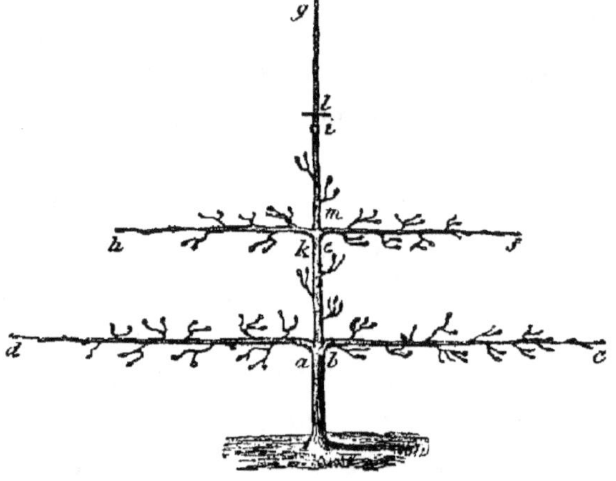

Fig. 5.

le bourgeon d'élongation en *f*, immédiatement au-dessus de cet œil; le développement des trois bourgeons a lieu comme je l'ai décrit ci-dessus, et j'obtiens mes deux secondes sous-mères *e f*, *k h (fig. 5)*, plus mon bourgeon d'élongation *m g*. En mai, aus-

sitôt que ce bourgeon a acquis une longueur suffisante, je choisis sur lui un œil, *i*, placé en avant ou
en arrière, et à une hauteur de 30 centimètres au-
dessus des deux secondes sous-mères *e f*, *k h;* je
pince immédiatement sur cet œil en *l*, et, dans le
cours de l'été, j'obtiens mes troisièmes sous-mères
i l, *i m (fig. 6)*, plus mon bourgeon d'élongation *l g*.
Lorsque ce dernier a atteint une longueur suffisante,
je choisis sur lui un œil, *n (fig. 6)*, placé en avant ou
en arrière, et à 30 centimètres des deux troisièmes

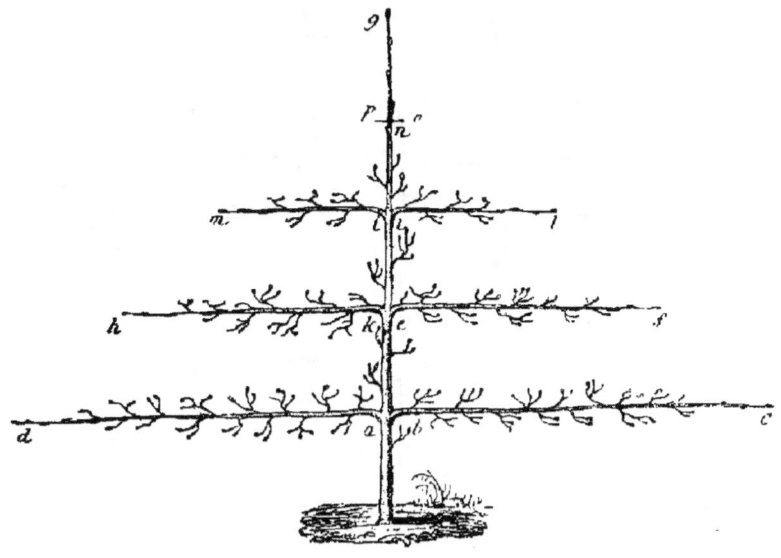

Fig. 6.

sous-mères *i l*, *i m;* je pince au-dessus de cet œil
en *o*, afin d'obtenir l'œil triple, qui, l'année suivante,
me donnera par la taille mes quatrièmes sous-mères
et mon bourgeon d'élongation. La *fig. 6* représente

mon arbre à la fin de la seconde année; $p\,g\,q$ est le

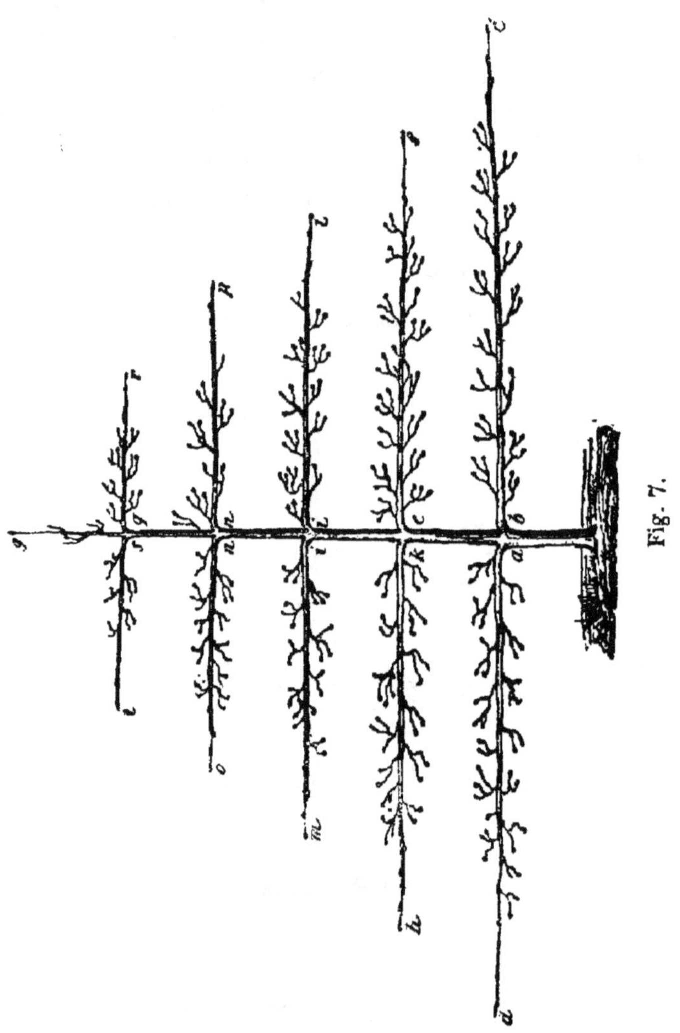

bourgeon d'élongation développé après le pincement
en *o*. Les deux premières sous-mères *a d*, *b c* (*fig. 5*)

sont taillées, avant toutes ces opérations, à une longueur proportionnée à leur force de végétation. Quant aux branches à fruit qui se développent sur elles, j'indiquerai dans un article spécial la taille particulière à laquelle je les soumets.

Troisième année. — Les opérations de taille et de pincement sont exactement les mêmes que celles de l'année précédente, de sorte qu'à la fin de la troisième année mon arbre *(fig. 7)* se compose : 1º des des deux premières sous-mères, *a d, b c,* obtenues la première année par la taille ; 2º des secondes et troisièmes sous-mères *e f, k h, i l, i m,* obtenues la seconde année par la taille et le pincement; 3º des quatrièmes et cinquièmes sous-mères, *o n, n p, q r, s t,* obtenues la troisième année par les mêmes opérations; en tout *cinq sous-mères de chaque côté dans l'espace de trois ans.*

Je répète ces opérations chaque année jusqu'à ce que le mur ne puisse plus admettre de nouvelles sous-mères. L'arbre étant formé, je supprime le bourgeon d'élongation, devenu désormais inutile, et je n'ai plus à m'occuper que de la taille annuelle des sous-mères, que je pratique en raison de leur vigueur relative, et de manière à maintenir leur parfait équilibre.

§ 2. — **Palmette double.** — *Première année.* — Le sujet de pépinière devra porter deux greffes, *a, b (fig. 8),* placées des deux côtés du sujet, vis-à-vis l'une de l'autre. Au printemps, je taille au-dessus de ces deux greffes en *d*. Les yeux *a b* se développent et produisent les deux branches mères *a c, b d (fig. 9)*; je palisse ces branches à peu près perpendiculairement, la forme en U me paraissant avoir l'inconvénient de courber les branches au point de nuire à leur végétation. La *fig. 9* représente l'arbre à la fin de la première année.

Fig. 8.

Fig. 9.

Deuxième année. — Je taille les deux branches mères *a c, b d* en *i* et *f*, à un œil au-dessus des yeux *e, g*, situés autant que possible vis-à-vis l'un de l'autre et à 30 centimètres au-dessus du sol. De cette taille résulte le développement des deux premières sous-mères *g h, e f (fig. 10)*, et des deux bourgeons d'élongation *g d, e c*, qui continuent les branches mères. En mai, je pince ces deux bourgeons, en *n* et *m*, à un œil au-dessus des yeux, *k, l,* situés *en dehors* et à 30 centimètres des premières sous-mères. Ce pincement produit les deuxièmes sous-mères, *k n, l m*, et les deux bourgeons d'élongation, *k d, l c*. La *fig. 11* représente l'arbre à la fin de la seconde année. Les premières sous-mères sont taillées suivant leur force.

Troisième année. — Je taille en *p* et en *o* *(fig. 11)*, à

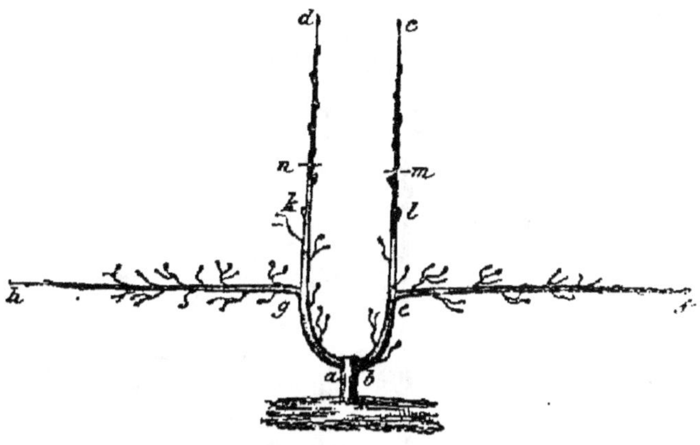

Fig. 10.

un œil au-dessus des yeux *q, r,* placés en dehors, à
30 centimètres au-dessus des deuxièmes sous-mères

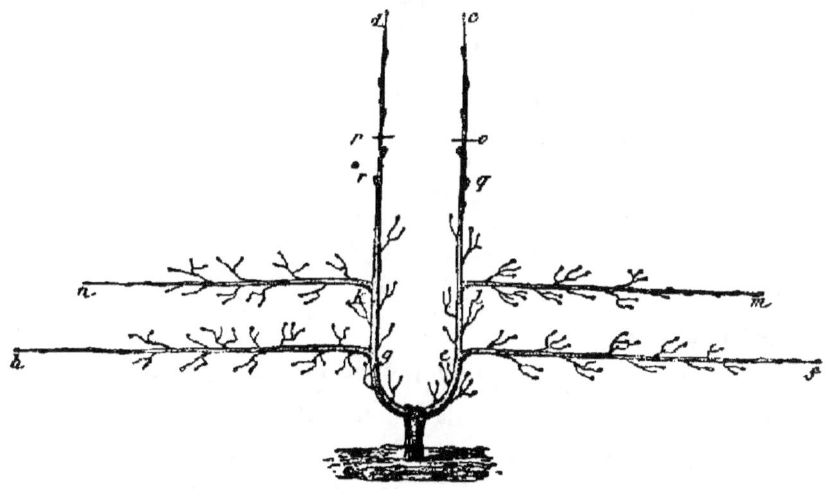

Fig. 11.

k n, l m, et j'obtiens les troisièmes sous-mères *q o,*

r p, et les deux bourgeons d'élongation *r d, q c*
(fig. 12). En mai, je pratique un pincement en *x* et *z*,
au-dessus des yeux *t s*, suivant la règle indiquée à

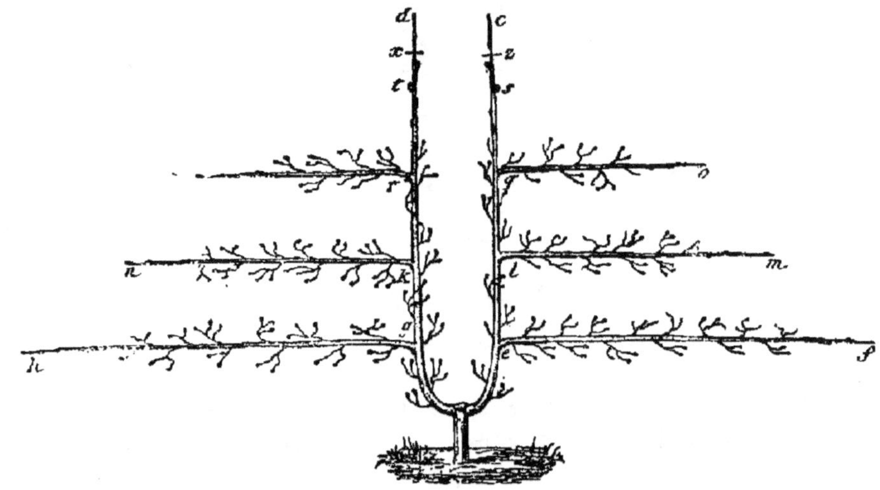

Fig. 12.

l'article de la *Taille de seconde année* ; il résulte de
ce pincement la formation des quatrièmes sous-mères
s v, t x (fig. 13), et les deux bourgeons d'élongation
s c, t d. Les branches sous-mères *e f, g h, l m, k n*,
sont taillées comme il a été dit dans l'article précédent. La *fig. 13* représente l'arbre à la fin de la troisième année.

En comparant le développement successif des
branches sous-mères dans la palmette simple et dans
la palmette double, on voit que, dans un même nombre d'années, la palmette simple produit une sous-
mère de plus de chaque côté que la palmette double. Cette différence vient de ce que, dans la palmette

simple, la séve, n'ayant à produire la première année
qu'une seule branche mère, permet d'obtenir par le
pincement de mai les deux premières sous-mères;
tandis que, dans la palmette double, tout son effet est
absorbé par la formation obligée des deux branches
mères. Il est presque superflu de faire observer qu'on

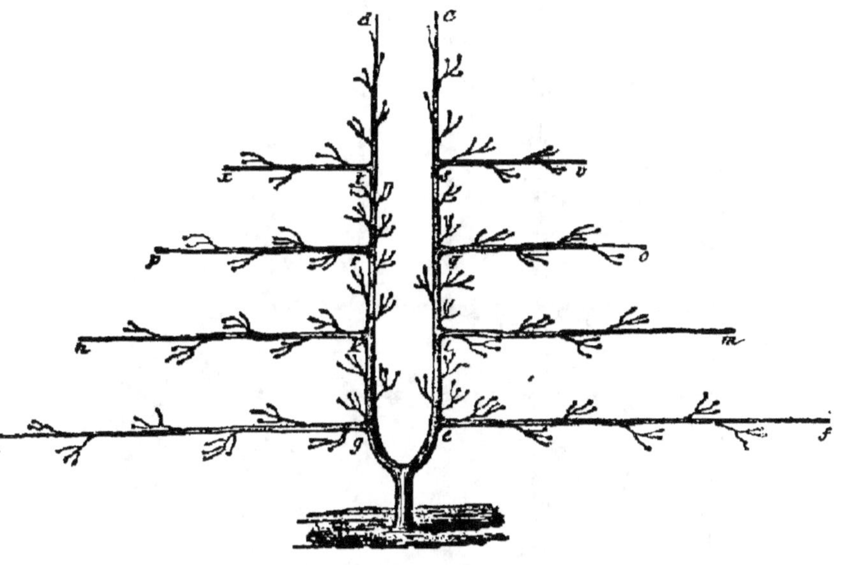

Fig. 13.

ne peut compter sur deux sous-mères par an, à par-
tir de la première année, dans l'une et l'autre forme,
que sur des arbres plantés dans une terre substan-
tielle et dont l'organisation n'est point altérée, soit
par une mauvaise exposition, soit par les maladies
particulières au pêcher.

La *fig. 13 bis* représente un pêcher qui fait partie
de ceux que je dirige en ce moment. Planté en 1854,

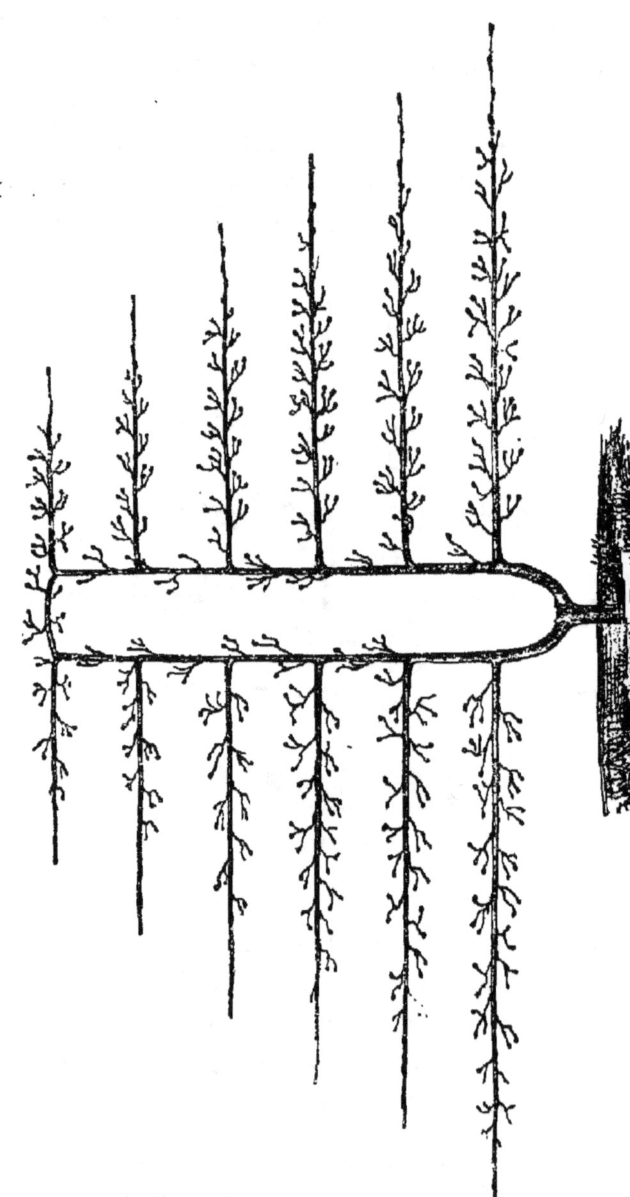

Fig. 13 *bis*.

il se trouvait pourvu, à la fin de 1857, de six branches sous-mères de chaque côté. Cet arbre, pris chez un pépiniériste, s'est trouvé être greffé sur prunier et non sur amandier, circonstance défavorable comme chacun sait, et qui pourtant n'a pas été un obstacle à ce rapide développement. Je cite cet exemple uniquement pour faire sentir ce qu'on peut attendre de mes procédés, lorsqu'ils sont appliqués à des arbres placés dans les meilleures conditions possibles.

Lorsque mon mur est garni de toutes les sous-mères qu'il peut recevoir, j'ai l'habitude de terminer mon arbre de la manière suivante : dans l'année qui précède celle où je dois obtenir mes dernières sous-mères, je pratique sur une des deux branches mères un pincement préparatoire semblable à celui que j'emploie à la production du T dans la palmette simple *(Voy.* cet article, p. 25). Au printemps, l'œil triple qui résulte de ce pincement me donne en dehors ma dernière sous-mère, en dedans un bourgeon que je courbe pour le greffer en arc-boutant sur la branche mère de l'autre côté; je supprime l'œil du milieu. Quelquefois aussi je courbe en dehors le bourgeon d'élongation d'une des deux branches mères, à la hauteur d'un œil placé en dedans. Le bourgeon me fournit ma dernière sous-mère d'un côté, et l'œil produit le bourgeon transversal que je greffe sur l'autre branche mère. Ce dernier procédé est le plus simple, en ce qu'il peut être exécuté au printemps sans préparation antécédente. Du reste, il ne s'agit ici que d'une forme de fantaisie, et par conséquent sans importance. La *fig. 13 bis* représente mon arbre ainsi terminé à son sommet par un cordon transversal couvert de branches à fruits.

Les procédés de taille de la charpente du pêcher sont applicables aux autres arbres fruitiers, et particulièrement au pommier et au poirier (1). J'élève en ce moment un de ces derniers arbres, planté la même année que le pêcher représenté *fig. 13 bis*, et dont le développement de charpente est absolument le même. Ce sujet, greffé sur franc, est d'une vigueur remarquable et promet d'atteindre des dimensions extraordinaires, à moins qu'un sous-sol très-humide et très-voisin du sol ne vienne plus tard tromper mes espérances.

J'ai promis, dans la première édition de mon ouvrage précédent, de publier un nouveau procédé applicable aux pêchers soumis à l'ancienne forme carrée. Pour faire ressortir l'avantage de la méthode que je vais exposer, il est indispensable que je mette en parallèle la forme carrée obtenue par l'ancien système, et celle que je vais proposer pour la remplacer. L'ancienne forme carrée a d'abord l'immense inconvénient d'être dégarnie à l'intérieur pendant six ans aux moins; de plus, si l'on établit la même année les six bras verticaux, malgré tous les soins

---

(1) Toutefois je préviens que la production du T sur le poirier et le pommier (palmette simple) est beaucoup plus difficile à obtenir que sur le pêcher.

que l'on puisse prendre pour les établir sur des branches qui ont déjà subi plusieurs tailles, il est presque impossible que les sous-mères, qui ont une position horizontale, n'en souffrent pas. Et comment n'en serait-il pas ainsi, puisque la séve, tendant toujours à monter verticalement d'après les lois de la végétation, se jette dans les sur-mères, de façon que, malgré les soins les plus assidus, malgré le pincement, l'ombrage, etc., il faut toujours, à la taille du printemps, rabattre les bras verticaux sur des parties faibles et des yeux presque éteints, et la partie que l'on coupe représente toujours une quantité considérable de séve dépensée inutilement et aux dépens des pauvres sous-mères? Dans ce qui précède, je ne veux parler que de ce qui arrive aux arbres bien soignés; or, on peut d'après ceci se faire une idée des inconvénients auxquels sont en butte les sujets que l'on ne visite que deux ou trois fois l'année : pour ceux-ci le mal est bien plus grand encore, et l'on en voit dont les sous-mères donnent à peine signe de vie, tandis que les *sur-mères* prennent un tel développement qu'elles dominent de plusieurs pieds le chaperon du mur. Cette ascension démesurée de la séve occasionne une foule de branches parasites que l'on coupe à la taille du printemps. Je pense avoir donné le moyen de corriger ce défaut, en indiquant la manière de remplir l'intérieur de l'arbre par des sur-mères que l'on penchera horizontalement dans leur état herbacé (V. *fig. 13 ter*). Depuis plusieurs années j'ai adopté cette forme, et je m'en trouve très-

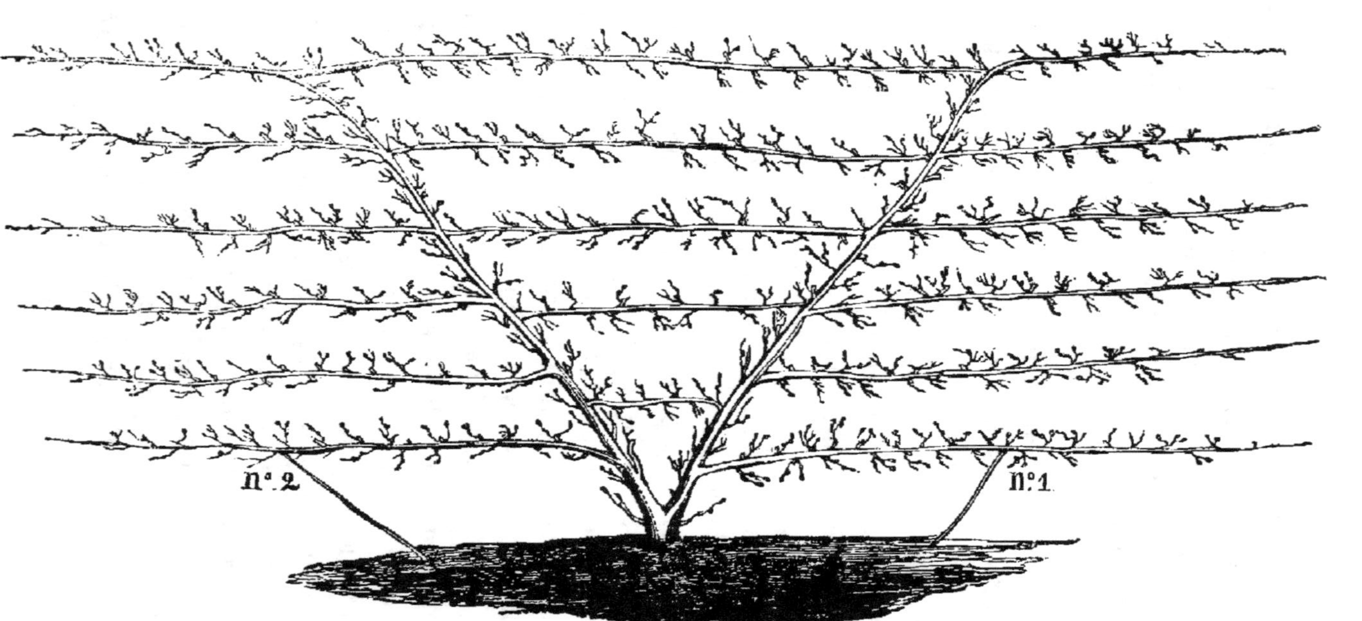

Fig. 13 ter.

bien ; les sur-mères, dont je greffe l'extrémité en arc-
boutant dans la mère branche, ne prendront de séve
que ce que leur longueur en exigera, et le pincement
étant bien exécuté pour les branches fruitières que
l'on établira sur les sur-mères horizontales, afin de
remplir l'intérieur, l'arbre produira beaucoup, se conservera en parfaite santé, et l'équilibre en sera main-
tenu. Effectivement, si l'un des côtés pousse plus
que l'autre, on peut prendre tous les bras sur ce côté
vigoureux, et, en les greffant en arc-boutant sur le
coté faible, rendre à celui-ci la force dont il a besoin.

§ 3. — De la forme en quenouille. — Comme
les pépiniéristes ont l'habitude de fournir des quenouilles dépourvues de branches à leur base, je conseille de les rabattre à 30 centimètres au plus du sol,
afin de faire sortir une première série de branches
dans leur première année de plantation ; mais comme
ces bourgeons seront évidemment très-faibles, d'a-
bord à cause de la transplantation du sujet, ensuite
parce qu'ils seront produits par des yeux presque
éteints, on devra calculer le nombre des coursons
que l'on voudra conserver, afin de supprimer tous
ceux qui seront superflus. Dès qu'ils auront atteint
une hauteur de 1 ou 2 centimètres, il faudra fouler
avec le doigt l'extrémité de ces bourgeons superflus
pour les rompre sans en endommager le talon, sur
lequel se forment presque toujours des boutons à
fruits, et l'on se trouvera ainsi dispensé de faire une
plaie, comme cela arrive quand on coupe une bran-

che inutile qu'on a laissée se développer au détriment de celles qui doivent rester. Il est aussi trèspréjudiciable de laisser pousser deux branches trop serrées contre la tige; et, quand ce cas se présente, on peut y remédier en les écartant dans leur état herbacé, soit avec une petite pierre de séparation que l'on place à leur base, soit avec un petit bâton en arc-boutant, afin de leur faire prendre une direction convenable.

La première taille devra être assise d'après la constitution et la force des premières branches; car il me serait impossible d'assigner ici des limites précises à cette opération, dont les difficultés et les modifications délicates ne peuvent être suffisamment décrites par la plume. En effet, il n'existe pas à ce sujet de lois absolues, puisque ces lois doivent être modifiées d'après les différentes natures de terres et les diverses natures des sujets; et c'est pour ne pas appliquer à des arbres qui poussent peu et dans un sol ingrat les mêmes règles qu'aux arbres qui se déploient vigoureusement dans un sol fécond, que j'engage tant à en étudier la nature et la constitution.

Quand on est arrivé à la première taille de la quenouille, il faudra avoir soin de détruire tous les bourgeons inutiles, ainsi que je l'ai indiqué au commencement de ce paragraphe, et faire en sorte que la seconde série de branches se trouve en échiquier par rapport à la première, puis la troisième par rapport à la seconde, et ainsi de suite, car cette disposition leur permettra d'être toutes également favorisées par l'atmosphère, et les fruits se trouveront parfaitement dégagés.

A la deuxième taille, on allongera les premières branches autant que possible ; mais celles de la deuxième année, ainsi que la tige, devront être taillées court, pour faire affluer la séve dans lesdites premières branches, qui sont la base de la forme de l'arbre. Jamais on ne laissera de bourgeons se développer autour des branches, car cette végétation parasite affamerait le chef de file ; et plus tard, quand on serait obligé de les couper, cette opération occasionnerait des plaies que la nature serait obligée de cicatriser. Des canaux séveux, parfaitement établis et en pleine activité, se trouveraient anéantis par le fait de cette taille, et le surcroît de séve, ne sachant plus où se réfugier, amènerait une végétation extraordinaire, et ferait transformer en branches à bois des branches nourrices ou à fruits. Je ne saurais trop répéter que le pincement bien compris obvie à tous ces inconvénients. Pour la taille des chefs de file, il faudra encore opérer proportionnellement à la vigueur du sujet, de manière à occuper cette fougue de la séve, et qu'elle ne soit pas forcée à faire irruption par les côtés de la branche, irruption qui occasionne la perte des boutons à fruits et fait à l'arbre un tort incalculable.

§ 4. — **Taille de la branche à fruit du pêcher.** — *Première année, pincements successifs.* — Soit, *a d (fig. 14)*, une branche à fruit de première année, dans l'état où elle se trouve au mois de mai,

Fig. 14.

c'est-à-dire ayant de 12 à 15 centimètres de longueur (1), je la pince en *f*, à 8 ou 10 centimètres de sa base. A la suite de ce pincement, une partie des yeux de la branche, deux ou trois au plus, se développent en bourgeons anticipés, que je pince tous sur leur talon, de manière à les réduire aux petits yeux qui existent dans cette partie en nombre variable. Les bourgeons que ces yeux produisent ensuite sont traités de la même manière, lorsqu'ils ont atteint une longueur de *5 à 6 centimètres*. Je répète ce procédé sur les bourgeons qui se développent après le second pincement. Ces opérations, dont on ne peut guère décrire graphiquement les effets successifs, sont représentées en masse dans la *fig. 15*, dessinée d'après nature au printemps de l'année suivante. *Les fascicules d, e, f,* composés de boutons à fruits et à bois, qui terminent la branche à fruit, sont les résultats des pincements successifs dont il vient d'être parlé, et les chicots numérotés en indiquent les traces. Les boutons des *fascicules* sont confusément agglomérés et non étagés, comme il semble que cela

(1) Dans la *Pratique raisonnée de l'Arboriculture*, 2e édition, ce pincement est indiqué par erreur à *1 ou 2 centimètres*.

devrait être, parce que les pincements ont été pratiqués très-près de la base des bourgeons. Cependant on peut distinguer dans leur ensemble des inégalités de position qui marquent à peu près les très-courts intervalles des pincements. En général, l'action de la séve est arrêtée par les trois pincements successifs : il est rare qu'un quatrième pincement devienne nécessaire.

Je tiens à ce que les yeux *b*, *c*, placés tout à fait à la base du courson, restent à l'état latent, ou, pour mieux dire, stationnaires pendant tout le cours de la première année, et la longueur de mon premier pincement est spécialement destinée à obtenir ce résultat, qui manque bien rarement. Je parlerai plus loin des avantages que je retire de cette manière d'opérer. Les yeux *i l, m n* ne se développent pas ordinairement la première année ; cependant, si le premier pincement a été fait trop court, à 5 ou 6 centimètres par exemple, au lieu de 8 à 10, il peut arriver que les yeux, *m*, *n*, les plus voisins du sommet de la branche à fruit produisent aussi des bourgeons anticipés qu'il faut soumettre aux pincements successifs. Mais je puis assurer qu'à moins qu'on ait tout à fait écourté la branche à fruit, il y restera toujours au moins deux yeux stationnaires, indépendamment des yeux inférieurs *b c*, et, à la rigueur, c'est assez.

Deuxième année, première taille. — Soit *a d, e f* (*fig. 15*) la branche à fruit préparée par les pincements de l'année précédente, je la taille au-dessus du bouton à fruit le plus rapproché de son talon, en *g* par exemple ; si je ne trouve pas de boutons à fruit en cet endroit, je taille au-dessus sur les yeux qui en sont pourvus. S'il n'existait de boutons à fruit qu'au sommet de la branche, dans la masse même des fascicules *d*, *e*, *f*,

Fig. 15.

je ne ferais pas de taille, et le fruit que j'obtiendrais là serait aussi beau que celui que m'eussent donné les yeux placés au-dessous : une longue expérience ne m'a laissé aucun doute à cet égard. Du reste, ce cas se présente rarement.

Supposons la taille faite en *g*, au-dessus d'un ou de plusieurs boutons à fruit fournis par les yeux *i*, *l*; les deux yeux *b*, *c*, restés à l'état latent pendant le cours de l'année précédente, se développent par suite de cette taille et fournissent les deux bourgeons *b e*, *c d* (*fig. 16*). L'œil à bois qui accompagne le fruit *f* forme le bourgeon *g h*. Lorsque les bourgeons *b e*, *c d* ont atteint une longueur suffisante, je les pince à 8 ou 10 centimètres de leur base, selon leur force, et j'arrête le bourgeon *g h*

Fig. 16.

à deux feuilles au-dessus du fruit, en *i*. Je supprime
tous les bourgeons qui peuvent exister au-dessous
du fruit; si la taille eût été faite en *h* (*fig. 15*), les
yeux *i, l* auraient aussi fourni des bourgeons à
bois que j'aurais supprimés. Enfin, si le fruit se trouvait tout à fait en haut de la branche, je supprimerais
tous les bourgeons à bois situés en-dessous, excepté
les bourgeons *b e, c d*, produits par les yeux
b, c (*fig. 16*) : c'est à quoi se réduit l'ébourgeonnement dans ma méthode. Je réitère les pincements sur les deux bourgeons *b c, c d* (*fig. 16*),
comme je l'ai dit à l'article précédent, et, à la fin de

la seconde année, la branche est dans l'état que
représente la *fig. 17;* si mon fruit ne noue pas ou

Fig. 17.

s'il tombe, je retranche immédiatement la branche
qui le portait, comme cela se fait généralement.

J'ajoute à ces détails quelques observations que je
crois importantes : l'expérience prouve qu'en taillant
la branche à fruit de très-bonne heure, comme on
le fait assez souvent, on peut avancer sa floraison de
près de quinze jours ; cette taille anticipée n'a pas
d'avantages bien démontrés, et présente l'inconvénient certain d'exposer la fleur aux intempéries du
premier printemps, bien plus que la taille tardive.
J'ai l'habitude de ne tailler ma branche que lorsqu'elle est défleurie et que le fruit commence à nouer,
afin de pouvoir choisir celui qui me paraît le mieux
formé. Dans le même but, je lui laisse ordinairement plus de fruit que je n'en veux conserver, surtout lorsqu'elle est vigoureuse ; et quand le fruit a
déjà le volume d'une noisette, je réserve le plus
beau et je supprime le reste. Je dois dire aussi que
je ne retranche aucune branche à fruit, à moins

qu'elle ne soit placée en arrière, du côté du mur : cette dernière suppression a lieu au printemps de la première année. Avec ma méthode de pincement, ce grand nombre de branches à fruit dans toutes les positions n'est pas un inconvénient, puisque le palissage n'existe plus, et que je n'ai pas à retrancher au printemps l'excédant considérable de longueur qu'on sacrifie, dans l'ancienne méthode, aux dépens de la santé des arbres. Il est même un avantage en ce que cette espèce de buisson fructifère fait l'office d'un abri contre les gelées tardives d'abord, puis contre l'ardeur du soleil, qui ne peut plus nuire à mes fruits, constamment ombragés jusqu'à l'époque où il convient de leur donner de l'air et de la lumière par une effeuillaison graduée. Je me passe ainsi très-bien de paillassons et de chaperons.

Troisième année, deuxième taille. — La *fig. 17* représente, comme je l'ai dit plus haut, l'état de la branche à fruit à la fin de la seconde année ; *b e, c d* sont les bourgeons développés pendant le cours de cette année, et traités par les pincements successifs ; *f* est le pédicule du fruit, *g h* le bourgeon qui accompagnait le fruit et qui avait été arrêté à deux yeux, puis pincé. Je taille en *k* pour supprimer la branche qui a porté le fruit ; il me reste les deux bourgeons *b e, c d* ; je choisis celui *c d*, dont l'œil inférieur est le plus voisin du talon du courson, et je taille à deux yeux en *i*. Ces deux yeux produisent les deux bourgeons *c d, g e* (*fig. 18*), que je traite par les pincements suc-

cessifs. Je taille le bourgeon qui porte du fruit en *l*
(*fig. 17*); le fruit se forme en *f* (*fig. 18*); le bourgeon

Fig. 18.

k h se développe, et je l'arrête à deux yeux au-dessus
du fruit en *i*. La *fig. 19* représente la branche à fruit
à la fin de la troisième année.

Quatrième année, troisième taille. — Je taille en *g*
(*fig. 19*), pour supprimer la branche qui a porté fruit;
il me reste les deux branches *c d*, *c e*. Je taille en *k*
celle *c d* dont l'œil inférieur est le plus rapproché de
la base du courson, pour avoir mes deux bourgeons
de remplacement. Je taille la branche *c e* à fruit en *i*,
et le reste de l'opération s'exécute comme je l'ai dit
dans l'article précédent.

Je continue à conduire les branches à fruit d'année en année, en m'efforçant de rapprocher le plus possible de la base du courson la taille qui a pour objet l'article important du remplacement. Les pêchers produisant rarement des yeux sur le vieux bois, je profite avec empressement de tous ceux qui se montrent de temps en temps à la base du courson pour le renouveler entière

Fig. 19.

ment. Je puis affirmer que mes procédés doivent rendre cette apparition plus fréquente à cause du peu de longueur que je laisse à mes branches à fruit et de la concentration de séve qui en est la conséquence certaine. Un exemple facilitera l'application des règles que je viens d'indiquer. La *fig. 20* représente une branche à fruit au moment de la taille du printemps; *k b* est le bourgeon

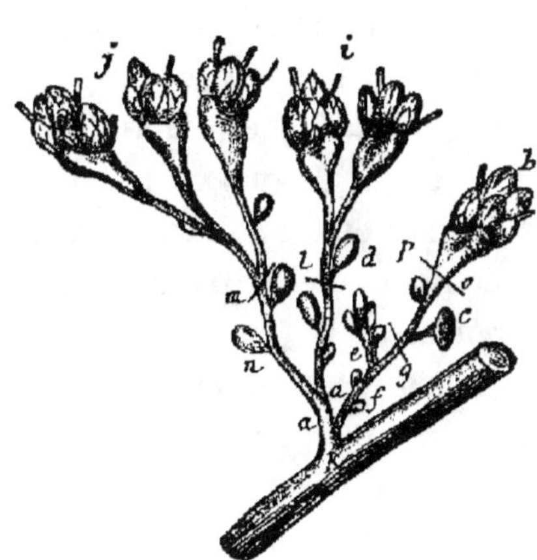

Fig. 20.

qui a porté fruit l'année précédente ; c est le pédicule du fruit ; $a\,i$, $a\,j$ sont les deux bourgeons de remplacement, placés sur la base du courson plus haut que la branche $k\,b$, circonstance qui se présente quelquefois. Je suppose qu'il existe en d un bouquet de mai ou un bouton à fruit, ce qui n'est pas rare non plus, et que la branche $k\,b$ présente à sa base des yeux $e\,f$ propres à assurer le remplacement. Si, dans ce cas particulier, on suivait rigoureusement mes procédés, il faudrait supprimer la branche $k\,b$ et tailler à bois et à fruit sur les bourgeons $a\,i$, $a\,j$, en l et en m. Admettons que le fruit soit sur le bourgeon $a\,i$, les deux yeux du bourgeon $a\,j$ serviraient au remplacement. Mais comme l'œil n est placé beaucoup plus haut que l'œil f, qui appartient à la branche à fruit $k\,b$, supprimée, il est clair qu'en pratiquant la taille comme je viens de le dire, le courson se trouverait allongé de tout l'espace qui sépare les yeux n et f. Cet inconvénient, toujours grave dans le pêcher, est facilement évité en taillant la branche $k\,b$ en g au-dessous du pédicule c. De cette manière, le fruit serait porté par le bouquet de mai ou le bouton à fruit qui existe en d ; les yeux $f\,e$ fourniraient les bourgeons de remplacement, et les deux bourgeons $a\,i$, $a\,j$ seraient supprimés. Il y a plus, si la branche $k\,b$, pourvue de ses yeux inférieurs $e\,f$ (cette condition est essentielle), ne portait de fruit qu'au-dessus du pédicule c en p, par exemple, il ne faudrait pas balancer à tailler sur p en o, plutôt que de supprimer la branche $k\,b$ et de tailler sur $a\,i$ et $a\,j$.

Le précepte de ne jamais récolter au-dessus du fruit n'est donc pas absolu; il est subordonné à un autre précepte bien autrement important, qui consiste à diminuer le plus possible la longueur du courson.

Je place ici une autre observation qui a du rapport avec la précédente, et qui s'applique à un cas rare, mais possible. J'ai dit, page 43, que je tenais à prévenir, dans le cours de la première année, le développement des yeux *b c*, qui existent à la base de ma branche à fruit (*fig. 15*), et qui, l'année suivante, me fournissent mes deux bourgeons de remplacement *b e, c d* (*fig. 16*). Je vais démontrer les avantages de cette pratique. Supposons qu'à la suite d'un pincement trop court ou d'un caprice de sève, ces deux yeux *b c* viennent à se développer, la règle serait de les traiter comme les autres par les pincements successifs ; et, à la taille du printemps, il faudrait rabattre toute la branche sur ces deux bourgeons, dont l'un serait taillé à bois et l'autre à fruit, s'il en avait. Cette opération est analogue à celle que représente la *fig. 17*. La branche en végétation présenterait alors l'aspect de la *fig. 18*. Maintenant je ferai remarquer que, dans ce cas, le fruit serait porté par un bourgeon anticipé dont la vigueur est toujours moindre que celle du bourgeon qui n'a pas devancé le moment normal de son développement. Les deux bourgeons de remplacement étant aussi produits par un bourgeon anticipé seraient probablement chétifs, ou même réduits à l'état de bouquets de mai, productions analogues à la lambourde du poirier et du pommier, et incapables de perpétuer la branche à fruit par des remplacements ultérieurs. Enfin si, comme cela se voit souvent, le bourgeon anticipé, destiné à produire le remplacement, se trouvait privé d'yeux à sa base et dans une partie de sa longueur, quelque vigoureux qu'il fût il ne pourrait donner lieu qu'à un courson difforme, dont la base dénudée n'offrirait jamais d'yeux adventifs au moyen desquels on pourrait corriger son irrégularité (1).

Ces explications me conduisent naturellement à parler des bourgeons anticipés, et des moyens de remédier à leur apparition toujours fâcheuse. Ils résultent du développement prématuré de quelques yeux des branches d'élongation qu'a fait naître la taille du printemps. On en distingue deux espèces ou plutôt deux formes : 1º le bourgeon anticipé privé d'yeux depuis sa base jusqu'à près de la moitié de sa longueur; 2º le bourgeon anticipé qui porte des yeux dans toute sa longueur. Le premier fait la désolation des cultivateurs de pêchers, parce que, si on se résigne à le conserver, il donne lieu à un courson perché sur un bâton stérile, dont l'aspect est disgracieux et la durée courte. Voici le procédé que j'em-

---

(1) On pourrait supprimer un des deux bourgeons produits prématurément par les yeux *b c (fig. 15).* Le bourgeon conservé serait plus fort sans doute, mais sa nature *anticipée* subsisterait toujours; puis, en supposant qu'il donnât lieu plus tard à deux bons bourgeons de remplacement, ce qui est douteux, l'évolution de la branche à fruit n'en serait pas moins retardée d'un an. Ma pratique se trouve donc justifiée de toutes manières.

ploie pour me débarrasser de cette malencontreuse
production. Soit *a b* (*fig. 21*) une branche d'élonga-

Fig. 21.

tion développée au printemps, et *c d* un bourgeon
anticipé existant sur cette branche; je fais *de très-
bonne heure* une taille en vert au point *e*, puis j'amène
successivement le bourgeon anticipé dans la direction
e b, de manière à ce qu'il prenne la place de la partie
e b qui a été retranchée. La *fig.* 22 représente ce
bourgeon anticipé devenu bourgeon d'élongation.
Au moyen de ce procédé bien simple, l'espace *c f*
(*fig. 21*), qui ne porte pas d'yeux, concourra à former
l'intervalle *e f* (*fig. 22*), qui séparera deux coursons

Fig. 22.

sur la branche de charpente *a d*. Si cet intervalle était trop grand, on pourrait toujours le diminuer au moyen d'une greffe placée à son milieu. Il est évident que, s'il se trouvait plusieurs bourgeons anticipés sur une branche d'élongation, il faudrait la rabattre sur le dernier en allant de dehors en dedans. Je répète que cette opération doit être faite lorsque la branche est à l'état herbacé, afin de causer le moins de trouble possible dans le mouvement de la séve, et de ne pas avoir à sacrifier une trop grande portion de cette branche.

Le second bourgeon anticipé offre plus de ressources que le premier. S'il est fort et que ses yeux soient nombreux, ce qui est assez rare, on peut le traiter comme un bourgeon développé au printemps sur le bois de l'année précédente, et en faire une branche à fruit qui, à la vérité, sera toujours moins bien organisée que celle qui provient d'un œil dont le mouvement de végétation n'a pas été prématuré. (*V*. la note de la page 52). Si le bourgeon anticipé est faible et court, les auteurs conseillent de le pincer sur son talon pour obtenir au printemps suivant un ou deux petits rameaux qui ne sont autre chose que des bouquets de mai, c'est-à-dire des productions faibles, sans durée et qu'il est presque impossible d'amener à l'état de courson régulier. Au résumé, je pense que le mieux est de réduire de bonne heure en bourgeon d'élongation le bourgeon anticipé *quel qu'il soit,* et c'est ce que je fais presque toujours.

La cause qui donne lieu à l'apparition des bourgeons anticipés n'est pas bien connue. Il est probable qu'ils dépendent d'une exubérance de séve favorisée par des tailles trop courtes. Ce qui m'affermit dans cette opinion, c'est que les bourgeons anticipés sont rares sur mes pêchers dont la taille est très-allongée, tandis qu'ils sont fréquents sur ceux dont les branches de charpente sont taillées seulement aux deux tiers de leur longueur.

Maintenant que j'ai présenté l'ensemble complet de mes procédés de taille du pêcher, il me reste à répondre aux critiques dont ils ont été l'objet.

On a prétendu que j'épuisais mes arbres, et principalement mes pêchers, par une taille trop longue. L'état de santé parfaite de tous ceux que j'ai élevés et constamment suivis, et que chacun peut constater de ses propres yeux, répond suffisamment à ce reproche. On m'a objecté que mes sous-mères n'étant qu'à 30 centimètres l'une de l'autre, au lieu de 70 centimètres, distance observée dans les autres méthodes, je mettais deux fois plus de temps à garnir mes murs, et que mes arbres étaient usés au moment même où ils arrivaient à leur plus grand développement. La réponse est facile. Si j'espace mes sous-mères à 30 centimètres seulement, c'est que la brièveté de mes coursons et l'absence totale de palissage me permettent de les rapprocher à cette distance.

Je conviens que, dans la méthode qui espace à 70 centimètres, les murs sont couverts; comment ne le seraient-ils pas, puisqu'on palisse sur eux des

coursons au moins une fois plus longs que les miens?
Or, cette grande longueur de coursons est, en premier lieu, inutile, car elle n'augmente pas la production; en second lieu, elle est nuisible, parce qu'on
s'en débarasse en grande partie à la taille du printemps. On sacrifie ainsi sans nécessité, sans but dé-
terminé, une grande quantité de séve que j'emploie,
moi, à doubler le nombre de mes sous-mères. Il me
paraît donc clair que si j'épuise mes arbres en espa-
çant à 30 centimètres des sous-mères dont les coursons n'ont pas besoin de palissage, ceux qui les
espacent à 70 centimètres épuisent bien davantage
les leurs en gaspillant annuellement une quantité de
séve suffisante pour leur procurer deux fois plus de
sous-mères qu'ils n'en obtiennent, et par conséquent
deux fois plus de produit. Enfin, si ceux qui m'accu-
sent de ne pas garnir mes murs assez promptement
veulent prendre la peine de venir visiter mes arbres,
ils en verront un (*fig. 13 bis*) sur lequel j'ai obtenu
six sous-mères de chaque côté en trois ans, tandis que,
dans les autres tailles, on n'en obtient qu'une par
année, et quelquefois même *une seule tous les deux
ans*.

Dans un *Traité d'arboriculture* récemment publié,
M. Dubreuil, après avoir dit quelques mots de ma
méthode de taille du pêcher et de celle de M. Grin,
de Chartres, n'hésite pas à recommander l'emploi de
cette dernière, *à l'exclusion de tout autre*. *(Cours élémentaire théorique et pratique d'arboriculture*, t. II,
p. 754.)

Ce jugement, auquel le mérite et la position de son auteur donnent beaucoup d'importance, me met dans la nécessité d'analyser le procédé qu'il déclare être préférable à tous ceux qui ont été mis en usage jusqu'à ce jour. J'aurais voulu pouvoir citer textuellement la description du procédé Grin, insérée dans l'ouvrage de M. Dubreuil, et y joindre les figures qui en facilitent l'intelligence : des raisons de prudence m'en ont détourné. Je me bornerai à un exposé sommaire, conforme, quant au fond, à la description de M. Dubreuil. Le lecteur pourra en vérifier l'exactitude sur le texte de son livre et sur les figures qui s'y rapportent.

Le procédé Grin consiste à pincer les bourgeons fructifères à deux feuilles, lorsqu'ils ont acquis une longueur de 8 centimètres. Les bourgeons secondaires qui se développent après ce premier pincement sont également arrêtés à deux feuilles; il en est de même de ceux qui naissent après le second pincement. Il résulte de ces trois opérations un certain nombre de petits rameaux peu vigoureux et couverts de boutons à fleurs, connus sous le nom de rameaux à fruit-bouquets, ou plus vulgairement de bouquets de mai. Au printemps de l'année suivante, on taille de manière à conserver seulement les rameaux à fruit-bouquets de la partie inférieure du bourgeon fructifère. Dans le cours de l'été, il se développe quelques rameaux à bois parmi les boutons à fruit de ce bourgeon; on les soumet tous aux pincements ci-dessus décrits. On opère ainsi d'année en année,

et alors le courson présente définitivement l'aspect
de la *fig. 665* des planches de M. Dubreuil. Le *Journal
d'Agriculture pratique*, numéro du 5 mars 1857, contient
un article de ce professeur, où le procédé Grin est
décrit exactement de la même manière que dans son
Traité d'arboriculture. Voici maintenant les observations que ces deux descriptions m'ont suggérées. Le
pincement successif à deux feuilles a pour but évident de faire développer, dès la première année, tous
les yeux de la branche à fruit, et d'obtenir ainsi, tant
sur cette branche que sur les sous-branches qui
résultent des pincements, les petits rameaux à fleurs
et à bois dont il est question dans la description ci-
dessus, et qui sont représentés dans la *fig. 664* du
livre de M. Dubreuil. L'inspection du courson (*fig. 665*
du même ouvrage) démontre qu'il est formé par une
masse de ces petits rameaux, que des pincements
courts et réitérés ont amenés à un état de concentration un peu voisin de la monstruosité. Mais l'aspect n'est pas ce qui importe : ce que je veux établir
pour le moment, c'est que, dans le courson dont il
vient d'être parlé, tout l'effet des pincements successifs est destiné à produire du fruit, et que le développement à bois, si essentiel sous le rapport du
renouvellement de la branche fructifère, y est absolument nul, puisque tous les bourgeons qui apparais-
sent dans le cours de la végétation sont indistinctement pincés à deux feuilles, et par conséquent mis à
fruit. Ils n'est pas moins évident que, dans ce procédé,
le fruit est toujours porté par des bourgeons anti-

cipés ou par des bouquets de mai; car je répète que les petits rameaux peu vigoureux et couverts de boutons à fleurs, mentionnés dans la description du procédé Grin, ne sont pas autre chose, et que le courson (*fig. 665* de M. Dubreuil) en est entièrement composé. Or, ces productions sont regardées avec raison comme douées d'une force végétative très-médiocre et d'une durée assez courte. Je n'ai pas encore eu occasion d'observer des arbres conduits d'après ces principes, mais il me paraît difficile que leurs branches à fruit résistent longtemps au procédé énervant auquel elles sont soumises, et que, par suite, il ne se forme que des vides nombreux dans leurs branches de charpente.

Maintenant, si on veut bien recourir à mes descriptions précédentes, on constatera sans peine les faits suivants : 1° mes branches à fruit de première année, après les pincements pratiqués dans le cours de l'été, présentent à leur sommet une agglomération confuse de boutons à bois et à fruit, analogue au courson (*fig. 665* de M. Dubreuil), mais qui en diffère essentiellement en ce que mes branches à fruit, au-dessous de ces productions, existent à leur état naturel, et quelles sont garnies d'un certain nombre d'yeux dont la destination est calculée d'avance, et qui restent la plupart à l'état latent. (*V.* l'article de la *Taille de première année* et la *fig. 15.*) De plus, je me débarrasse tout à fait, par la taille du printemps suivant, des *fascicules* du sommet de mes branches à fruit; le rôle de ces *fascicules* se réduisant à arrêter et concentrer la végétation dans les branches pendant tout le cours de la première année. Au lieu de cela, le courson (*fig. 665* de M. Dubreuil) reste toujours à l'état de *fascicule;* cette partie, dans mon procédé, n'est qu'un accessoire de la branche à fruit qu'on fait disparaître à la taille; dans l'autre procédé, *c'est la branche à fruit même.*

2° J'assure chaque année la formation de deux bourgeons principaux dont l'un est destiné à porter fruit, et l'autre à remplacer la branche fructifère. (*V.* l'article de la *Taille de seconde année.*) Je retire de cette pratique, qui du reste est très-ancienne, deux avantages importants: d'abord, mon fruit est toujours produit par une branche vigoureuse et non par des bourgeons anticipés ou des bouquets de mai; puis, cette branche est régulièrement remplacée d'année en année par une autre branche de la même nature. Rien de semblable n'existe dans le procédé Grin; d'où il suit que l'avenir de la branche à fruit y est nécessairement très-compromis.

3° Mes coursons, ainsi alimentés par un remplacement à forte végétation, offrent un développement à peu près égal dans toutes les parties de mes arbres. Je puis affirmer que je n'en ai jamais vu un seul périr d'épuisement ou même languir. J'ajouterai que leur forme est moins disgracieuse que celle du courson de M. Grin, et c'est quelque chose sous le rapport du coup d'œil.

Je ferai une dernière remarque sur le pincement à deux feuilles, c'est que son effet épuisant est tel, que les arboriculteurs qui l'adoptent ont bien soin de recommander de le pratiquer à plusieurs reprises. Il n'est pas démontré pour moi que cette précaution suffise pour prévenir la perturbation considérable produite dans la végétation des arbres par ce que je me permets d'appeler une *tonte* aussi rigoureuse. Mon pincement de 10 et parfois de 12 centimètres, suivant la force des branches à fruit, n'offre pas ce danger, et peut être fait en une seule fois, sans produire d'effets sensibles sur la santé des arbres.

Les personnes auxquelles cette discussion pourrait laisser quelques doutes en trouveront la solution sur mes arbres. Loin de faire mystère de mes procédés, je les explique, je les propage tant que je puis : il n'en coûte que la peine de venir, de voir, d'essayer et d'être juste.

Quelque jugement qu'on porte de ce parallèle, on devra au moins m'accorder, ce me semble, que le procédé du pincement successif à deux feuilles est très-différent de celui que j'ai décrit dans la présente édition, et que je mets en pratique depuis près de dix-huit ans. Or, comme M. Dubreuil, dans son *Traité d'arboriculture* et dans le *Journal d'Agriculture pratique*, n'a décrit que le pincement à deux feuilles, et que dans une note (p. 754 de son livre), il m'a mis au nombre de ceux qui l'emploient, je me crois fondé à conclure que mes véritables procédés lui sont entièrement inconnus. J'ai lu dans le *Journal pour tous*, numéro du 19 mars 1857, et dans l'*Almanach du Jardinier* de 1858, deux descriptions du pincement à deux feuilles, conformes à celles de M. Dubreuil, et je suis resté convaincu que les auteurs de ces descriptions n'avaient pas non plus la moindre idée de ma méthode, ce que du reste, les explications précédentes et mes descriptions méthodiques prouvent surabondamment. Cette méprise dans des hommes la plupart très-réfléchis et très-habiles a des causes que je dois exposer sincèrement. Mon premier écrit, publié en 1848, entièrement rédigé par moi, qui n'ai reçu aucune éducation première, est incorrect, diffus, prolixe et presque inintelligible : c'est l'essai irréfléchi d'un homme inculte, sans expérience, sans guide, et à qui l'amour de l'art a fait méconnaître sa complète insuffisance. Les pincements successifs, et par suite la suppression absolue du palissage sont les seuls points qui y soient nettement indiqués, et qui assurent incontestablement mes droits à la priorité(1). Mon second écrit, refondu sur mes notes par

---

(1) Voici ce que je dis dans cet écrit, p. 76 : « Le palissage met
« la branche dans un état de gêne ; son élément naturel ne reçoit
« plus qu'une légère influence de l'air d'un seul côté. Le pince-
« ment exige une grande intelligence de la végétation ; il arrête
« la séve et la tient quelque temps sans mouvement sensible : il
« est indispensable sur les dessus des branches où la séve se porte
« avec fougue. Cette opération n'a pas d'époque fixe ; elle com-
« mence avec la végétation et finit de même, selon la vigueur des
« branches. » Plus loin, p. 83, se trouve le passage suivant : « On
« trouvera dans le jardin de M. Amette, à Aincourt près Magny
« (Seine-et-Oise), deux pêchers, plantés à la fin d'avril 1848, qui
« seront traités tous deux *d'une manière inconnue* et dont j'es-
« père donner la description... ayant l'intention de publier une

une personne instruite, et publié en avril 1855, n'offre
plus les fautes de langage ni les périodes probléma-
tiques du premier; mais vague, sans méthode, sur-
chargé d'inutilités et privé de planches réellement
descriptives, il est encore bien loin de remplir le but
essentiellement pratique que j'espérais atteindre en
le publiant. J'ai de plus acquis la certitude qu'il ren-
ferme un assez grand nombre d'assertions inexactes
qui ne sont pas de moi, et dont j'ai même ignoré
longtemps l'existence, n'ayant pu corriger moi-
même mes épreuves faute de temps, et je l'avouerai
aussi, faute d'aptitude. La plus fâcheuse de ces
erreurs est celle qui me fait dire, p. 79 : « Lorsque
« sur une jeune pousse de l'année se développent des
« bourgeons anticipés, au lieu de les laisser pousser
« trop long, ce qui nécessite un palissage, je les pince
« à quelques centimètres, presque à leur base ou un
« peu plus haut; il existe alors des yeux qui, à la
« taille suivante, forment des rameaux que, aussitôt
« après leur développement, je pince également à
« 1 ou 2 centimètres. A la base de ces jeunes ra-
« meaux, se forment des boutons à fruit et souvent
« même des bouquets de mai, près du bois de l'année

« seconde édition accompagnée de planches qui feront comprendre
« mes opérations mieux que je ne puis les expliquer ici, etc. » Cette
manière inconnue, c'est celle que j'ai décrite dans la présente
édition. Tout en demandant grâce pour le style, j'espère qu'on ne
se refusera pas à reconnaître dans cet extrait l'idée première des
procédés dont je publie aujourd'hui l'application détaillée.

» précédente, souvent dessus. » Ce trait, placé au commencement d'un article qui a pour titre : *Établissement des coursons sur les arbres à noyaux*, doit représenter pour le lecteur la formule fondamentale de mon procédé ; et pourtant, en le comparant à mes descriptions actuelles, il est facile de voir qu'il exprime quelque chose de très-différent que je n'ai pu ni penser, ni écrire. Dès lors s'explique très-bien le quiproquo de M. Dubreuil et des autres arboriculteurs. En effet, le pincement à 1 ou 2 centimètres prescrit dans la citation ci-dessus, ayant une certaine analogie avec le pincement à deux feuilles dont l'objet est aussi de produire des boutons à fruit sur des bourgeons anticipés, et des bouquets de mai à leur base, ces messieurs ont dû naturellement supposer que j'indiquais et que je pratiquais le pincement à deux feuilles, ou quelque chose d'approchant, ce qui est très-loin de la vérité. J'ai donc cessé d'être surpris de ce que mes idées réelles n'avaient pas été comprises. Ce qui me paraît toujours inexplicable, c'est que M. Dubreuil ait décidé d'une manière si absolue entre M. Grin et moi, je ne dis pas sans connaître ma méthode, puisque je viens d'avouer qu'il ne pouvait la connaître, mais sans avoir vu mes arbres, qui lui en auraient fourni une démonstration aussi claire que celle de mon livre est obscure et erronée.

L'article que M. Dubreuil a inséré dans le *Journal d'Agriculture pratique* se termine ainsi : Quant « à l'origine de cette amélioration (le pincement « réitéré et la suppression du palissage), il est

« assez difficile de l'indiquer d'une manière bien
« précise. M. Rose Charmeux, de Thomery, a soumis
« presque tous ses pêchers à ce traitement au com-
« mencement de 1855 ; M. Grin aîné, propriétaire au
« Bourg-Neuf, à Chartres, employe cette méthode
« avec le plus grand succès depuis 1852 ; M. Jonston,
« propriétaire au Vésinet, près Saint-Germain, depuis
« 1849, enfin, M. Picot-Amette, horticulteur à Ain-
« court, près Magny (Seine-et-Oise), décrit longue-
« ment le procédé dans le livre qu'il a publié sur la
« culture des arbres fruitiers, et dont la première
« édition a paru en 1848. Il déclare avoir imaginé ce
« procédé et l'avoir appliqué pour la première fois à
« ses pêchers en 1840 et 1841. *C'est donc à M. Picot-*
« *Amette que nous devons attribuer tout le mérite de*
« *cette utile innovation.* »

Cette mention est à coup sûr très-flatteuse pour
moi, et son auteur peut croire à toute ma reconnais-
sance ; cependant, je lis dans son *Traité d'arboriculture*, à la page 754, la note suivante : « Cette mé-
« thode n'est pas aussi nouvelle qu'on pourrait le
« supposer, car les principes en sont sommairement
« décrits dans l'ouvrage de l'Anglais Knith et dans
« le *Jardinier solitaire*, publié en 1712 par de la Quin-
« tinie ; mais il reste toujours à MM. Picot-Amette et
« Grin le mérite de l'avoir imaginée de nouveau, et
« surtout de l'avoir fait connaître à nos contempo-
« rains. »

Cette fois l'honneur de l'invention ne m'est plus
attribué que pour moitié ; je ne m'en plains pas.

4.

J'accorde même que M. Grin ait pratiqué le premier le pincement à deux feuilles, sans en avoir puisé l'idée dans le fatras de ma seconde édition. Je fais cette concession d'autant plus volontiers que la méthode de M. Grin n'est pas la mienne, et que je ne la crois pas bonne. La notoriété publique et mon écrit de 1848 prouvent que j'ai employé le premier les pincements réitérés et supprimé entièrement le palissage : je ne réclame rien de plus.

La Quintinie, qui était un homme de génie, a bien pu trouver le pincement, puisqu'un obscur jardinier comme moi l'a trouvé aussi. J'en dis autant de l'Anglais Knith dont je ne connais pas plus le livre que celui de la Quintinie. On me citerait dans le passé et dans le présent cent inventeurs du pincement que je n'en récuserais pas un seul. Cette simultanéité d'idées prouverait seulement que le pincement, malgré ses précieux avantages, n'était pas bien difficile à imaginer, et, dans le fait, il est réellement surprenant qu'on y ait songé si tard. Seulement il y a pincement et pincement, je l'ai prouvé : celui que je mets en pratique est-il le meilleur? Il ne m'appartient pas de l'affirmer : ce que je sais bien, c'est qu'il est à moi.

Il me reste à examiner une critique plus récente que celle qui précède, et plus grave encore, en ce qu'elle déclare résolument ma méthode *mauvaise*, et qu'elle en prescrit l'abandon absolu. Le numéro d'octobre 1858 du *Journal de la Société d'horticulture de Paris*, contient un rapport sur un procédé parti-

lier de culture du pêcher, qui appartient à M. Forest :
j'y remarque le passage suivant : « La commission a
« examiné avec attention un pêcher sur lequel M. Fo-
« rest a pratiqué le pincement de M. Picot. Celui-
« ci ne diffère de celui de M. Grin que pour la lon-
« gueur ; il s'applique sur la cinquième ou sixième
« feuille, ce qui permet de conserver à la base du
« bourgeon quelques yeux latents. La commission a
« reconnu que le pincement de M. Picot et celui que
« pratique M. Forest (1) ne peuvent empêcher que le
« bourgeon gourmand ne prenne sur la charpente
« un trop fort empatement ; or, il résulte de là que la
« séve s'y porte en trop grande abondance, ce qui
« amène du désordre parmi les branches fruitières. »

M. Forest déduit ces conclusions absolues des essais qu'il dit avoir faits lui-même. J'accorde la réalité
de ces essais ; il ne s'agit que de savoir s'ils ont été
pratiqués convenablement. Le pincement n'est pas
la seule condition essentielle de ma méthode ; il y
en a une autre d'une autre importance bien plus
grande, c'est la longueur considérable que je donne
à mes branches sous-mères, précisément pour obvier
à une surabondance de séve dans les branches fruitières, *résultat que j'obtiens constamment*. Si donc
M. Forest, en appliquant mon pincement à ses arbres, a réellement observé les inconvénients consi-

---

(1) D'après M. Picot sans doute, car le pincement à 25 et
30 centimètres, pratiqué par M. Forest, a obtenu les suffrages
unanimes de la commission.

gnés dans le trait ci dessus cité, je suis à peu près
sûr qu'il a négligé, ou très-imparfaitement employé
le moyen qui les prévient *infailliblement*, savoir :
le large écoulement de la séve dans les branches
sous-mères par une taille très-allongée. Cette répro-
bation complète de ma méthode, prononcée par
M. Forest au profit de la sienne, me surprend d'autant plus que les nombreux et habiles praticiens qui
en ont fait l'éloge sont unanimes sur *l'impossibilité*
de voir apparaître sur mes sous-mères ces productions fougueuses et ces *empatements* dont se plaint
M. Forest. Pour moi, loin de redouter un excès de
séve dans mes branches fruitières, je suis bien plutôt
préoccupé de la crainte contraire, et tous mes soins
tendent à maintenir, dans ce but, un équilibre cons-
tant entre la taille à bois et celle à fruit. J'ajoute en
passant qu'il est bizarre que M. Forest m'accuse de
favoriser les gourmands, tandis que d'autres critiques me reprochent d'énerver et même d'épuiser
mes branches fruitières : je serais presque tenté de
conclure de ces contradictions qu'il y a parti pris
de m'accabler tout à fait. Il me resterait encore
quelque chose à dire des procédés de pincement de
M. Forest ; mais, comme je me suis toujours imposé
la loi de ne juger que ce que j'ai vu de mes propres
yeux, je m'en tiens à la protestation succincte que
me dictait l'arrêt qu'il a prononcé contre moi.
Maintenant, si M. Forest voulait me faire l'honneur d'examiner une seule fois mes arbres, j'ai assez
de confiance en ses talents et sa bonne foi pour es-

pérer qu'il reconnaîtrait tout de suite que ces arbres ne présentent aucun bourgeon gourmand, ni même disposé à le devenir; que mes branches fruitières sont régulièrement espacées, et qu'elles ne forment ni confusion ni *désordre*. Elles ne sont pas, j'en conviens, disposées sur mes sous-mères avec cette régularité presque géométrique qui simule des arêtes de poisson, comme on le voit dans les figures de quelques livres théoriques; leur ensemble se compose de longs et étroits cordons d'une verdure compacte, vigoureuse, non interrompue, qui abrite de nombreux et beaux fruits, sans toutefois les priver de la double influence de l'air et de la lumière.

Puissent ces courtes observations me procurer la visite bienveillante de M. Forest, et de beaucoup d'autres encore qui m'ont toujours jugé et condamné *à distance*. Ces messieurs me trouveront prêt à profiter de leurs lumières, et même à substituer leurs procédés aux miens, s'ils peuvent me démontrer mon erreur *sur mes arbres*, et non pas par l'organe d'une commission qui ne les a pas vus et qui ne veut pas les voir.

DEUXIÈME DIVISION.

DU POIRIER ET DU POMMIER.

Le procédé de taille des branches de charpente de ces deux arbres étant, comme je l'ai déjà dit, exactement le même que celui du pêcher, je n'aurai à décrire que la taille de leurs branches à fruit.

Première année, pincements. — Soit, *fig. 23*, un bourgeon *a b* de première année, développé sur une branche de charpente. Dans le courant de mai, lorsque ce bourgeon a acquis une longueur d'environ 15 centimètres, je le pince en *c* à 8 ou 10 centimètres de son insertion à la branche mère, suivant sa force. Un bourgeon, rarement plus, se développe au-dessus

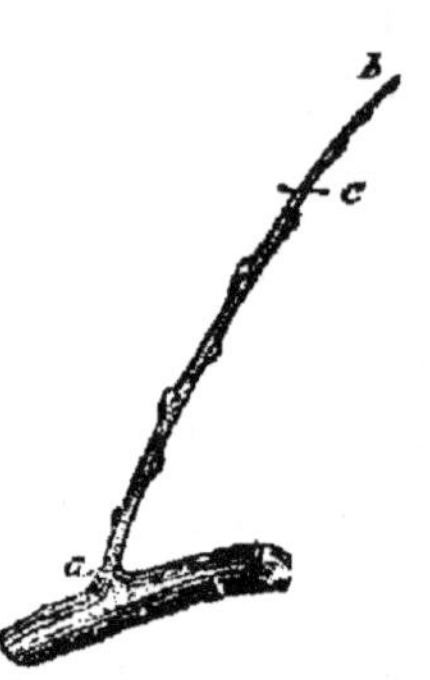

Fig. 23.

du pincement; je le pince à deux feuilles ou à 3 ou 4 centimètres du premier pincement; un autre bourgeon apparaît, je le pince à une feuille seulement, au-dessus du deuxième pincement. Je traite de même celui qui survient ensuite, et, à moins que la végétation ne soit extrêmement vigoureuse, l'opération des pincements de première année est terminée. La branche ainsi traitée et dépourvue de ses feuilles est représentée *fig. 24; a* est le lieu du premier pincement, *b* celui du second, *c* celui du troisième; *c d* est un bourgeon terminal consécutif au troisième pincement, et qui ne se développe pas toujours; son peu de vigueur en rend le pincement inutile.

Deuxième année, première taille. — Au printemps je taille en *e f* (*fig. 24*), à environ 2 centimètres au-dessus du premier pincement *a*. En voici la raison : Si je taillais au-dessous, en *g h* par exemple, tous les

yeux inférieurs pourraient se développer ; l'œil terminal *j* fournirait un bourgeon vigou-
reux, et la branche à fruit se trouverait
amenée à l'état de branche à bois rami-
fiée. Mon but serait donc manqué, puisque
je me propose, au contraire, de convertir
en boutons à fruits tous les yeux placés
au-dessous du premier pincement fait l'année précédente. La taille en *e f* produit
presque constamment ce résultat : la séve
se porte dans les petits yeux *i*, *i*, *i*, au
nombre de cinq ou six, qui existent sur le
bourrelet du premier pincement (*fig. 24*),
et son action sur les yeux placés au-dessous se borne à les transformer en boutons à fruit, ou tout au plus en dards
portant chacun un bouton à fruit à leur

Fig. 24.   extrémité. Incapable de donner l'explication théorique de ces faits, je me borne à les présenter comme les résultats habituels d'une longue
pratique. Je dois avertir que si on opère sur des
arbres qui ont été précédemment mal conduits, la
séve, gênée dans sa circulation par des nodosités
nombreuses provenant de mutilations inintelligentes,
se portera avec force dans les yeux inférieurs de
la branche à fruit, et rendra leur développement à
bois bien plus facile que dans les arbres qui, dès
l'origine, auront été soumis à une taille bien entendue. On préviendra cet inconvénient en donnant, la
première année, plus de longueur aux pincements,

et surtout au premier, qui, dans ce cas, peut être pratiqué à *15 centimètres.* Si cette précaution ne pouvait empêcher la production à bois, il faudrait pincer à deux feuilles tous les bourgeons provenant du développement prématuré des yeux inférieurs. Cette opération les réduit ordinairement à l'état de dards susceptibles de présenter des boutons à fruit l'année suivante.

Les bourgeons formés par le développement des yeux *i, i, i,* placés sur le bourrelet du pincement de première année, sont pincés successivement à deux ou trois feuilles, suivant l'état des yeux inférieurs, qu'il faut toujours surveiller attentivement; car, s'ils sont faibles, un pincement trop long achèvera de les épuiser; s'ils sont forts, un pincement trop court peut les faire développer à bois. Cette opération importante s'applique également aux pincements de première année.

Troisième année, deuxième taille. — La *fig.* 25 représente la branche à fruit telle qu'elle est à la fin de la deuxième année et au moment de la taille du printemps. Les lettres *b, c, d* indiquent les bourgeons développés dans le courant de l'année précédente, après la taille pratiquée en *l.* On observe sur chacun de ces bourgeons les traces des pincements successifs marqués des chiffres 1, 2; *e, f* sont deux boutons à fruit formés également l'année précédente par l'action combinée de la taille et du pincement; *g, h, i,* sont des yeux restés à l'état latent. Je taille en *k* au-dessus

Fig. 25.

du premier des deux boutons *e*, *f*, qui portent fruit tous les deux dans le courant de l'année. Il peut arriver que ces deux boutons ne soient pas encore à fruit la troisième année; dans ce cas, au lieu de tailler en *k*, je taille les bourgeons *b*, *c*, *d* en *m*, *o*, *n*, et je pratique de nouveau sur eux les pincements successifs, afin de déterminer la formation à fruit des yeux *e f*. Mais ordinairement cette formation a lieu la troisième année.

Quatrième année, troisième taille. — La *fig.* 26 représente la branche à fruit telle qu'elle est à la fin de

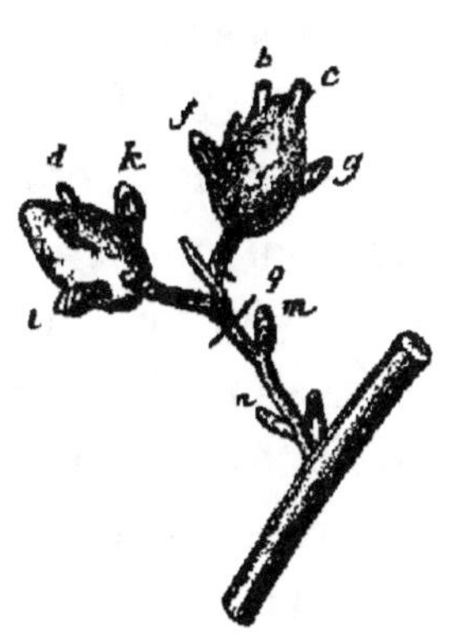

Fig. 26.

la troisième année, après la récolte. Les deux renflements ovoïdes qui se sont formés sur les boutons à fruit *e*, *f* (*fig.* 25) sont ce qu'on nomme des *bourses*. On y remarque en *b*, *c*, *c*, *d* les restes des pédicules des fruits; *f*, *g*, *i*, *k* sont des yeux développés sur les bourses dans le courant de l'été précédent, et dont plusieurs se forment souvent à fruit l'année même de leur apparition. Supposons que les yeux *f g*, *k i* soient dans ce cas; alors il n'y a aucune taille à faire;

je récolte sur les boutons à fruit *f g*, *k i*, et, à la fin de la quatrième année, la branche se présente sous l'aspect de la *fig. 27*. Lorsqu'il ne se trouve sur les bourses aucuns boutons à fruit entièrement formés, je n'attends pas que leur évolution soit complète, ce qui ne pourrait avoir lieu qu'au printemps de l'année suivante ; je taille en *q* (*fig. 26*) sur l'œil *m*, situé immédiatement au-dessous des bourses. Cet œil n'est pas toujours arrivé à l'état de bouton à fruit ; mais je préfère opérer sur lui que de laisser subsister les bourses ; j'en dirai la raison tout à l'heure. Si l'œil *m* se développe à bois, je le traite par les pincements successifs, et, l'année suivante, je taille sur l'œil *n* (*fig. 26*), s'il est à fruit, ce qui a lieu le plus souvent.

Cinquième année, quatrième taille. — Quand il existe des boutons à fruit sur l'ensemble des bourses, représentés *fig. 27*, l'usage est de les utiliser, et il y a même beaucoup d'arboriculteurs qui prolongent considérablement cette production annuelle des bourses. Dans ce cas encore, il n'y a pas de taille à faire, et le nombre des bourses s'augmente chaque année en proportion des fruits récoltés. Cette pratique a, selon

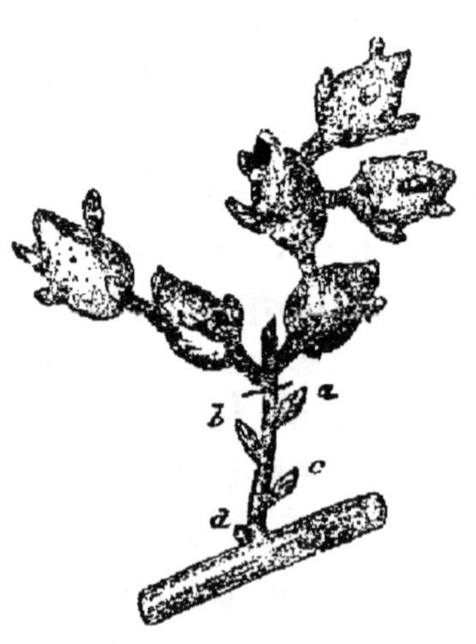

Fig. 27.

moi, de grands inconvénients. La multiplicité des bourses fatigue la branche, compromet son existence et nuit à la beauté des fruits. En outre, leur persistance indéfinie produirait presque infailliblement l'épuisement et même l'extinction des yeux stationnaires *a, b, c, d* (*fig. 27*), sans lesquels mon procédé ne peut plus recevoir son application. Je ne récolte donc qu'*une fois* sur les bourses après le premier fruit, puis je les retranche en taillant sur l'œil *a* (*fig. 27*), placé immédiatement au-dessous de leur ensemble. Cet œil, comme je l'ai déjà dit, peut être à fruit ou à bois; s'il est à fruit, je le laisse produire; s'il est à bois, je le traite par les pincements successifs, pour mettre à fruit l'œil qui est au-dessous de lui. On comprend maintenant pourquoi je retranche, à la taille du printemps, les bourses qui n'ont pas de boutons à fruit prêts à produire. (*V.* l'article de la *Quatrième année*). En les conservant, je retarderais la marche à fruit des yeux *a, b, c, d* (*fig. 27*), et je diminuerais leur force de végétation sans dédommagement immédiat, puisque les boutons à fruit des bourses ne sont pas complétement formés.

Je continue à tailler d'année en année sur les yeux *a, b, c* (*fig. 27*), jusqu'à ce que je sois arrivé à l'œil *d*, placé tout à fait à la base de la branche qu'il est destiné à reproduire; une longue expérience me permet d'affirmer que cet œil, resté seul, se *développe constamment à bois*, et qu'il donne lieu à un bourgeon vigoureux sur lequel je recommence les opérations successives que j'ai décrites précédemment. Ce résultat pratique est confirmé par le raisonnement. Il est clair que l'œil *d* (*fig.* 27), placé sur une branche palissée horizontalement, doit avoir plus de tendance à se développer à bois que sur une branche oblique ou droite; et comme il se trouve *seul* à la base d'une branche à fruit dont l'organisation est vigoureuse, il est plutôt à craindre qu'il ne produise un gourmand qu'un bouton à fruit.

Mon procédé de taille à fruit s'applique à toutes les formes d'arbres : quenouilles, éventails, gobelets, etc.; mais les formes palmette simple et double sont celles qui en rendent le succès plus facile et plus sûr.

Je place ici, au sujet des bourses, quelques détails destinés particulièrement aux personnes peu expérimentées qui voudront essayer ma méthode. Les bourses se forment toujours, lors même que les boutons à fruit n'ont pas donné de produit; seulement elles sont, dans ce cas, beaucoup moins volumineuses. Ces bourses imparfaites peuvent porter des boutons à fruit susceptibles de produire au printemps suivant, et des boutons à bois. Les bourgeons développés par ces derniers à la même époque devront être pincés à 2 ou 3 centimètres, et non supprimés. Il en est de même de ceux qu'on trouve sur les bourses qui, ayant déjà fructifié une fois, sont pourvues de boutons à fruit dont on obtient une seconde récolte, comme je l'ai dit ci-dessus. A mon avis, ces bourgeons à bois sont des conducteurs de séve qu'il importe de conserver, tout en modérant un excès de vigueur qui pourrait nuire aux yeux stationnaires de la branche à fruit.

Les avantages du procédé que je viens d'exposer dans ses moindres détails me paraissent incontestables. La branche à fruit, dans les autres méthodes, est toujours une *lambourde*, soit qu'elle ait été obtenue par la taille à deux yeux, pratiquée de temps immémorial à l'époque traditionnelle de la Saint-Jean, soit qu'elle résulte d'un premier pincement analogue au mien, suivi de *cassements* partiels ou complets; pratique récente bien préférable à la première, mais qui, en définitive, conduit comme elle *à une lambourde*. L'examen de cette dernière production démontre qu'elle n'est pas une véritable branche; sa texture celluleuse est analogue à celle des bourses qui naissent sur elles, et participe de la nature du bois et de celle du fruit. La lambourde est donc un organe essentiellement temporaire; et en effet, malgré les procédés de taille employés pour la revivifier, on la voit tôt ou tard s'épuiser et périr. Ainsi, dans les méthodes généralement suivies, rien n'assure la durée de la branche à fruit; cette branche périt sur un point et renaît sur un autre. Dans ma méthode, elle est remplacée, *à coup sûr* et à une époque qu'on peut presque indiquer d'avance, par un bourgeon à bois parfaitement organisé, et que les pincements successifs amènent aussi rapidement que le font tous les autres procédés à l'état de branche à fruit. C'est le remplacement du pêcher appliqué au poirier et au pommier, avec cette différence que le remplacement du pêcher est annuel, tandis que celui du poirier et du pommier n'a lieu qu'après un nombre d'années égal, à très-peu près, à celui des yeux que porte la branche à fruit. Ce sont bien aussi des lambourdes que j'obtiens sur cette branche, mais des lambourdes qui disparaissent par la taille au bout de deux ans au plus (*V.* l'article des *Quatrième et cinquième années*), au lieu d'être persistantes et de mourir de vieillesse en laissant sur la branche de charpente un chicot de bois mort et un vide. Je dois dire pourtant qu'un certain nombre de lambourdes se développent souvent sur mes branches sous-mères; je les laisse produire, et, si elles viennent à périr, elles ne forment pas de vides sensibles dans mes arbres abondamment pourvus de branches à fruit conduites d'après mes procédés. En outre, j'ai bien soin de tailler long les bourgeons à bois qui se développent sur les premières bourses de ces lambourdes, afin de les amener graduellement à l'état de branches à fruit *véritablement ligneuses*, résultat que j'obtiens presque toujours.

DE LA TRANSFUSION.

Lorsqu'un arbre est arrivé à une extrême vieillesse, s'il a toujours donné de beaux et bons fruits, on le voit dépérir avec regret. On n'avait pas encore trouvé jusqu'ici le moyen de ressusciter cet arbre languissant, et l'on était obligé de le laisser mourir;

mais voici un procédé qui vient combler cette lacune,
et rendre la durée des arbres presque indéfinie :
c'est l'art de la transfusion. Je vais tâcher de décrire
cette opération le plus succinctement possible.
— Lorsqu'un arbre est affaibli par les années, ou que
le sujet sur lequel il est greffé ne se plaît pas dans le
terrain où il se trouve, on peut y remédier de la
manière suivante : on plante de chaque côté de cet
arbre, à 1 mètre ou 1 mètre 50 centimètres de sa
base, deux jeunes sujets d'essence vigoureuse et de
nature analogue; par exemple, pour pommier on
prendra le franc de pommier ou le doucin, selon que
l'un ou l'autre se plaira le mieux dans le terrain dont
il s'agit. Pour poirier, on aura à choisir entre le
franc de poirier, le sauvageon et le cognassier; pour
le pêcher ou l'abricotier, on plantera soit deux
amandiers ou deux pruniers, toujours selon le terrain; enfin, pour le cerisier, on prendra la sainte-
lucie. Deux ou trois ans après, quand les jeunes
scions auront grandi, de manière qu'en les ployant
un peu ils puissent atteindre le pied de l'arbre, à 8
ou 10 centimètres de terre, on fait sur cet arbre deux
incisions, dont l'une sera perpendiculaire au tronc,
et l'autre horizontale, et qui devront avoir la figure
d'un T renversé; puis on lève l'écorce, et on introduit
dessous le bout du jeune sujet, après avoir eu soin
de couper ce bout en bec de flûte; enfin on fait une
ligature pour lui donner de l'adhérence au tronc.
Pour que cette opération réussisse mieux, on doit
préférer l'osier fendu à la corde pour faire la ligature,

parce que la température n'a pas d'influence sur l'osier, tandis que la corde, étant susceptible de se détendre ou de se resserrer suivant l'état *hygrométrique* de l'atmosphère, amènerait sur le jeune sujet une strangulation qui peut faire tout manquer. Si l'écorce de l'arbre est trop épaisse, ce qui arrive souvent pour les vieux sujets, on l'amincit vers le point d'intersection des deux lignes en T, pour que le liber du jeune sujet coïncide parfaitement avec le liber du vieil arbre : cette condition est essentielle pour la réussite. Cette dernière précaution est inutile quand on opère sur des jeunes arbres auxquels on fait subir cette transfusion, soit parce que leur végétation n'est pas assez vigoureuse, soit parce que donnant trop de fruits pour leur force relative, on veut leur adjoindre une séve auxiliaire pour qu'ils ne s'épuisent pas.

TROISIÈME DIVISION.

DE L'ABRICOTIER.

L'abricotier se greffe sur amandier, sur prunier de damas noir, ou sur abricotier franc venu de noyau ; cette opération se fait en écusson à œil dormant, vers la fin de juillet. Il se multiplie également par son noyau, et quelquefois on en obtient de bons produits ; il vient mieux dans une terre sablonneuse que dans un sol plus gras. L'abricotier est sujet aux extravasions de séve qui forment des tumeurs gommeuses sur les branches, et les font périr si elles ne sont pas opérées avant que le mal ait fait de grands progrès. On ne doit mettre en espaliers que quelques abricotiers hâtifs et l'abricotier-pêche, qui est le plus délicat, pour en avancer la maturité et pour être moins exposé à manquer d'abricots quand ceux de plein-vent ne réussissent pas par suite des gelées tardives du printemps; car, pour la saveur et le goût, l'abricotier de plein-vent est de beaucoup préférable à celui d'espalier. L'abricotier se taille en même temps que le pêcher; mais il ne peut, comme ce dernier, prendre toutes les formes qu'on voudrait lui donner, parce que son bois manque de souplesse. En revanche, il est facile à gouverner, parce que ses branches à fruits durent plusieurs années et qu'il reperce facilement sur le vieux bois, surtout quand on le taille très-court et qu'on le pince d'après mes principes, qui ne sauraient être trop strictement appliqués à cet arbre, dont la floraison est toujours exagérée. En taillant les branches fruitières très-court, on aura non-seulement l'avantage de les avoir très-rapprochées de la maîtresse branche, mais encore, avec la facilité que possède l'abricotier de repercer sur le vieux bois, il en sortira, à leur insertion, d'autres petites branches qui les remplaceront, lorsque les premières, épuisées par la production, ne seront plus en état de donner de beaux fruits.

Je trouve un grand avantage à laisser une certaine longueur aux branches de prolongement des maîtresses branches, parce que, sur la partie laissée, il se développe des espèces de dards longs de 5 à 6 centimètres, et qui sont autant de branches à fruits; quand ces branches sont abandonnées à leu r état naturel, elles n'ont pas la faculté d'attirer la séve et meurent très-souvent avant la fin de la végétation; mais ceci n'a pas lieu lorsqu'avec la serpette ou le sécateur on a retranché une partie de ce dard à la taille sèche du printemps, ou que, par le pincement fait aussitôt que ces dards ont atteint 2 ou 3 centimètres, on a fait préparer à leur base des boutons à bois; alors il ne manque pas de s'y développer de petites branches fruitières dont l'existence est très-longue.

Toutes les branches à fruits des arbres qui sont traités autrement que par mes principes sont taillées plus ou moins longues, suivant leur construction et la distance des boutons à fruits; pour les ramener à une bonne production, il faut en surveiller la végétation et en faire l'ébourgeonnement; car cette opération a une très-grande importance, surtout sur les branches de devant, dont les bourgeons se développent les premiers, et qui, si on les laisse croître, absorberont la séve destinée aux fruits, et empêcheront les yeux du talon de s'ouvrir; d'après mon système, on obvie à tout inconvénient en faisant un pincement à 2 ou 3 centimètres. La même opération doit être pratiquée sur tous les faux bourgeons qui sont sortis par suite du premier pincement; les branches à fruits qui sont en arête sur les côtés ne devront pas se palisser et se traiteront comme celles du pêcher, de même que les rameaux qui terminent les membres. Comme l'abricotier, même dans les mains du cultivateur le plus habile, se dégarnit facilement, je ne trouve pas pour cet arbre de forme plus avantageuse que celle en éventail, en ayant soin d'éviter les empatements. Cette forme a l'avantage d'offrir un remède facile aux nombreux accidents auxquels l'abricotier est assujetti; car, lorsqu'on perd une branche charpentière, on peut, en dépalissant toute la membrure de l'arbre, en écarter un peu chaque partie et remplir ainsi le vide causé par la perte de cette branche. Comme la floraison de l'abricotier a lieu de très-bonne heure, et que, par conséquent, elle est exposée aux gelées du printemps, il faut la préserver en couvrant le sujet avec des toiles ou des paillassons; et si une de ces gelées vient à l'atteindre, il faut encore essayer d'y remédier en brûlant quelques poignées de paille dont on dirigera la fumée sous les fleurs, les petits fruits et les feuilles, afin d'en faire fondre la glace avant l'apparition du soleil; car, sans cela, les rayons solaires viendront cuire tout ce que la glace aura touché. Ce moyen, qui m'a toujours réussi quand il est bien appliqué, peut également être employé pour le pêcher, l'amandier, la vigne et l'abricotier plein-vent. J'ai dit tout à l'heure que les fruits de ce dernier sont plus savoureux que ceux de l'abricotier en espalier; en effet, ces fruits, lorsque les intempéries ne viennent pas les détruire, profitent davantage des influences de l'air, et ses feuilles, mieux exposées aux rosées nocturnes, absorbent une nourriture plus abondante. Lorsque le plein-vent est doué d'une force végétative très-grande, il est utile de tailler une partie de ses branches, qui sans cela formeront des espèces de gaules comme celles qui poussent sur la tête des saules, parce que la séve tout entière tend à se précipiter vers les extrémités de ces branches, dont les fruits ne sont jamais aussi assurés que sur des rameaux issus de leur partie moyenne par l'effet de la taille. Il serait même très-avantageux de pouvoir pincer ces rameaux à quelques centimètres à l'état herbacé, car cette opération ferait sortir des bourgeons dans le cours de la végétation ; si elle était faite convenablement, il n'y aurait presque plus rien à retrancher plus tard, et l'on récolterait, au printemps suivant, des fruits sur des yeux qui le plus souvent restent à l'état latent, ce qui occasionne de grandes distances entre les branches à fruits. Si, au contraire, la végétation n'est pas dirigée par un pincement convenable, on est obligé de faire sortir toutes ces productions ligneuses par la taille sèche ou taille du printemps ; comme les branches sont fortes, on fait des blessures souvent dangereuses pour l'avenir, on enlève une végétation qui a coûté une séve inutile et l'on retarde d'une année les rameaux que l'on attend, quand ils ne sont pas détruits par les pluies de la saison. Ainsi donc, en ne pinçant pas, on risque d'être privé d'une grande quantité de rameaux fructifères indispensables à la production, ou pour le moins il y a retard d'une année et gaspillage de la séve, dont tout habile arboriculteur ne saurait être trop avare. Quand on a opéré comme je l'ai dit dans ce paragraphe, on n'a plus rien autre chose à faire, pour que l'abricotier soit convenablement traité, qu'à enlever le bois mort en hiver, et à le débarrasser des mousses parasites qui poussent sur sa tige et ses grosses branches; cette opération peut être faite par un badigeon au lait de chaux refroidi.

QUATRIÈME DIVISION.

DU PRUNIER.

On distingue deux sortes de pruniers : le prunier cultivé et l'autre sauvage, que l'on nomme aussi *prunellier* ou *acacia nostras*. Le prunier cultivé est trop connu pour que je le décrive ici; c'est un arbre très-commun, et que l'on trouve dans toutes les régions tempérées de l'hémisphère boréal; il se multiplie par le noyau et par les boutures de sauvageons; mais le plant que l'on doit préférer pour toutes les sortes de pruniers, et même pour les pêchers, est celui qu'on lève au pied du prunier noir de damas et du prunier de saint-julien, parce qu'ils ont la séve plus douce et vivent plus longtemps que les autres variétés de la même famille. On le greffe soit en fente au printemps, soit en écusson à œil dormant à la fin de juillet. Le prunier demande une terre plus sèche qu'humide, plus sabloneuse que forte; néanmoins, il est de toutes les contrées tempérées, et bien que dans les terres fortes il soit plus longtemps à produire et se développe trop en bois, il vient partout. De tous les arbres fruitiers à noyaux, c'est celui qui supporte le mieux la taille et le pincement.

Lorsqu'il est mis en espalier dans une exposition chaude et abritée, il donne des fruits plus tôt que lorsqu'il est en plein vent; mais pour cela il faut choisir les espèces hâtives et les meilleures. Le prunier se soumet très-bien à toutes les expositions et est susceptible de prendre toutes les formes; mais, pour lui comme pour l'abricotier, je préfère celle en éventail, en ayant soin d'éviter les empatements. Cependant la forme en palmette peut également lui convenir; elle est même plus prompte à fructifier : enfin, quelle que soit la forme qu'on lui fasse prendre, il ne faut jamais oublier que, pendant tout le cours de la végétation, il exige un pincement continuel pour les bourgeons qui se développent sur les branches nourrices, et qu'il faut lui donner les mêmes soins qu'à l'abricotier.

Lorsqu'arrive la taille sèche ou du printemps, on doit rapprocher tous les chicots qu'a produits l'ébourgeonnement, car ces chicots occasionnent souvent la perte des branches fruitières établies au-dessous, ce qui fait allonger la branche à fruits, l'éloigne chaque année davantage de la branche mère, et produit un effet désagréable à l'œil et désavantageux pour le fruit. Il est bien plus sage de conserver autant que possible toutes ces branches à fruits sur le corps de la maîtresse branche, d'autant plus que ceci est très-facile quand on a soin de supprimer par le pincement tout ce qui tendrait à produire le prolongement de la branche à fruit, ainsi que tout le superflu des branches à fruit sur les coursons.

En effet, il arrive souvent que sur le prunier les branches coursonnes produisent un grand nombre de branches fruitières qui sont souvent trop près les unes des autres, se gênent et s'épuisent mutuellement : c'est pourquoi je recommande d'apporter à l'opération de la taille l'attention la plus grande.

Supposons qu'une branche, dans le cours de sa végétation, ait produit quinze ou vingt boutons fructifères qui doivent éclore au printemps suivant; que cette branche ne soit capable d'en alimenter que trois seulement, il est évident que si on laisse s'épanouir tous ces boutons, elle finira par succomber sous la charge, et, qu'arrivant à un état d'épuisement complet, tout son produit finira par tomber. Je suppose encore que le cultivateur soigneux ne la laisse pas arriver jusqu'à cet état extrême, et qu'il attende seulement que la fructification se soit un peu dessinée pour en supprimer les fruits les plus petits et les plus mal faits, il n'en est pas moins évident que cette attente est très-désavantageuse pour les produits qui doivent rester et pour la branche qui les porte, et qu'il eût été bien préférable de supprimer à la taille sèche le superflu des boutons à fleurs, car toutes ces productions provisoires se nourrissent toujours au détriment des autres; or, s'il en est ainsi dans ce dernier cas, que doit-ce être lorsqu'on abandonne l'arbre à lui-même et qu'on laisse les productions croître au hasard? Toutefois, que l'on n'aille pas croire que je conseille aux arboriculteurs de ne conserver de boutons qu'autant qu'ils désirent récolter de fruits, car il faut faire la part des accidents, et il y aurait sans cela bien des mécomptes; mais, comme je l'ai dit plus haut, si la branche qui porte vingt boutons ne peut raisonnablement conduire que trois fruits à maturité, on peut sans scrupule retirer quinze de ces boutons, et l'on obtiendra de bons résultats. Il faut, en outre, avoir soin de retirer les petites branches qui portent les boutons, quand ces branches, par leur nombre, font confusion : elles ont besoin d'être rajeunies dans le genre de celles du poirier.

CINQUIÈME DIVISION.

DU CERISIER.

Le cerisier est un arbre dont les variétés sont nombreuses; ces variétés diffèrent par leur port, par la couleur, la forme et la saveur de leurs fruits. Le cerisier se plaît dans une terre légère, meuble, et exige plus de chaleur que d'humidité; celui qui pousse en plein vent ne demande aucune culture, parce qu'il ne projette pas trop de bois. Lorsque le printemps est favorable, il est toujours chargé de fruits et ne réclame d'autre soin que celui de le débarrasser de son bois mort et des branches qui feraient confusion.

Comme pour l'abricotier et le prunier, on a jugé à propos, pour le cerisier, d'en cultiver quelques espèces hâtives, en les mettant en espaliers sur des murs exposés au midi, afin d'accélérer la maturité du fruit et d'en augmenter la grosseur par une taille raisonnée; le cerisier anglais et le royal hâtif sont les préférables pour ce mode de culture. On peut lui faire prendre soit la forme en éventail, en se défiant toujours des empatements, soit la forme en palmette, et quelle que soit celle que l'on adopte, sa végétation luxuriante et la beauté de ses fruits le rendent admirable. Cultivé de la sorte, il réclame les mêmes soins que le prunier, c'est-à-dire le pincement dans tout le cours de la végétation; toutefois, il est une attention spéciale qu'il réclame au printemps, c'est, lorsqu'après sa floraison exagérée, des myriades de fleurs, qui qui n'ont pu tenir, sont mortes et sont retenues sur les branches par les pédoncules de celles qui survivent; si l'on n'a pas soin de faire disparaître ces corolles fanées, lorsqu'il arrive des temps humides elles pourrissent sur place, attaquent les fruits de l'année et quelquefois même les boutons de l'année suivante; en outre, elles servent d'asile à une foule d'insectes qui rongent les fruits et le bois. Il est donc indispensable d'entretenir cet arbre dans un très-grand état de propreté jusqu'à la maturité des fruits. On en plante aussi quelques espèces tardives à l'exposition septentrionale, afin de retarder la maturité du fruit et d'en prolonger la durée, soit en plein vent, soit en espalier. Quand le cerisier, à la suite des années, ne végète plus que faiblement et ne produit plus que des fruits médiocres, il faut le rapprocher ou le receper sur ses grosses branches; alors il projette presque toujours des scions jeunes et vigoureux, qui permettent de rétablir l'arbre; les racines se vivifient; et, traité de la sorte, le sujet vit souvent plusieurs années encore en donnant des fruits exquis et d'une très-grande beauté.

SIXIÈME DIVISION.

DE LA VIGNE.

Quand on veut garnir un mur de vigne, voici, selon moi, comment on doit s'y prendre : planter les pieds à 3 ou 4 mètres du mur, et ne laisser que deux yeux hors terre. Au moment de la végétation, je ne laisse pousser qu'un seul rameau, que j'attache à un tuteur au fur et à mesure qu'il s'allonge, et dont j'ai soin de supprimer les faux bourgeons et les vrilles; à l'automne suivant, après la chute des feuilles, j'ouvre au jeune scion une tranchée vers le mur, à 30 ou 40 centimètres de profondeur, selon celle du terrain, parce qu'il faut viser à ce que la jeune pousse soit à l'abri des coups de bêche qu'on pourrait lui porter en labourant la plate-bande. Si, lors du couchage, le jeune scion n'est pas assez long pour aller jusqu'au mur, je laisse hors de terre un bon œil ou deux, et au printemps je traite le sujet comme je l'ai fait l'année précédente, en ne conservant qu'un rameau, et je continue de la sorte jusqu'à ce que je sois arrivé au pied du mur.

Toutes les personnes qui connaissent la végétation de la vigne savent que chaque œil, enterré à la profondeur que j'ai indiquée, ne manque pas de projeter une grande quantité de racines, qui doivent procurer au sujet une puissance végétative extraordinaire, qui permettra de lui donner, à la taille du printemps, la longueur que l'on voudra.

Première année. — Le mode de plantation de la vigne ayant été pratiqué comme je l'ai décrit ci-dessus, et l'œil supérieur du sujet soumis au couchage ayant produit le bourgeon *a i* (*fig. 28*), je palisse ce bourgeon sans autre soin que de détruire les faux bourgeons *b, c, d, e, f, g, h,* etc., qui se développent dans l'aisselle des feuilles.

Fig. 28.

Deuxième année. — Je taille le bourgeon *a i* en *k* à une hauteur relative à sa force de végétation. Lorsque le bourgeon qui résulte de cette taille a acquis une longueur suffisante, je le courbe à droite ou à gauche suivant la position de l'œil *e* (*fig 29*), qui doit être à peu près à la hauteur où je désire établir mon premier cordon. Si cet œil est à droite, comme dans la *fig. 29*, le cordon est courbé à gauche; s'il était à

gauche, le cordon serait courbé à droite. Cet œil *e*
produit le faux bourgeon *b d*, que je laisse végéter

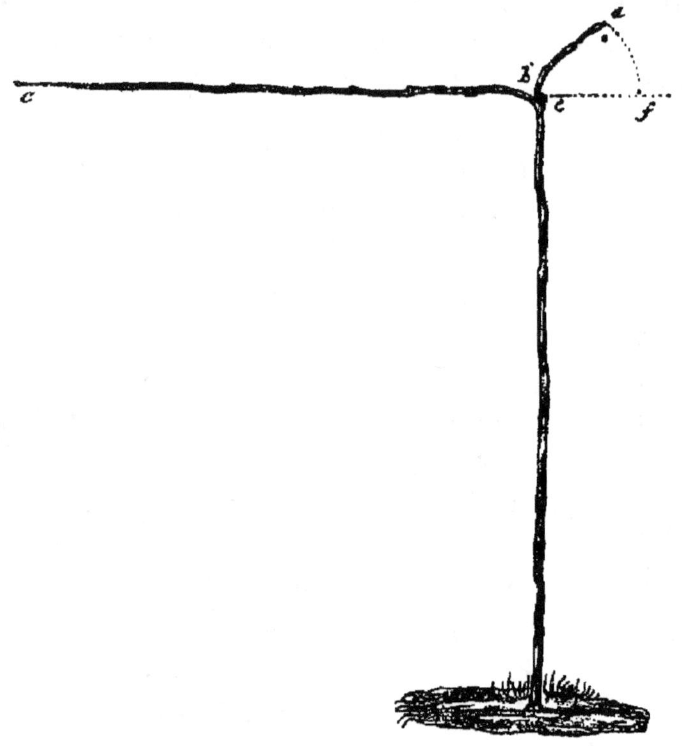

Fig. 29.

librement jusqu'à ce qu'il ait acquis assez de solidité
pour pouvoir être courbé sans danger de rupture.
Alors je le ramène dans la direction *d f* pour former
mon cordon de droite *b d* (*fig. 30*). Les faux bourgeons marqués en chiffres dans la même figure sont
tous pincés à deux yeux, comme l'indiquent les
traits qui existent sur leur longueur. On a l'habitude
de détruire ces faux bourgeons ; l'observation m'a

démontré que cette pratique a pour résultat d'appau-

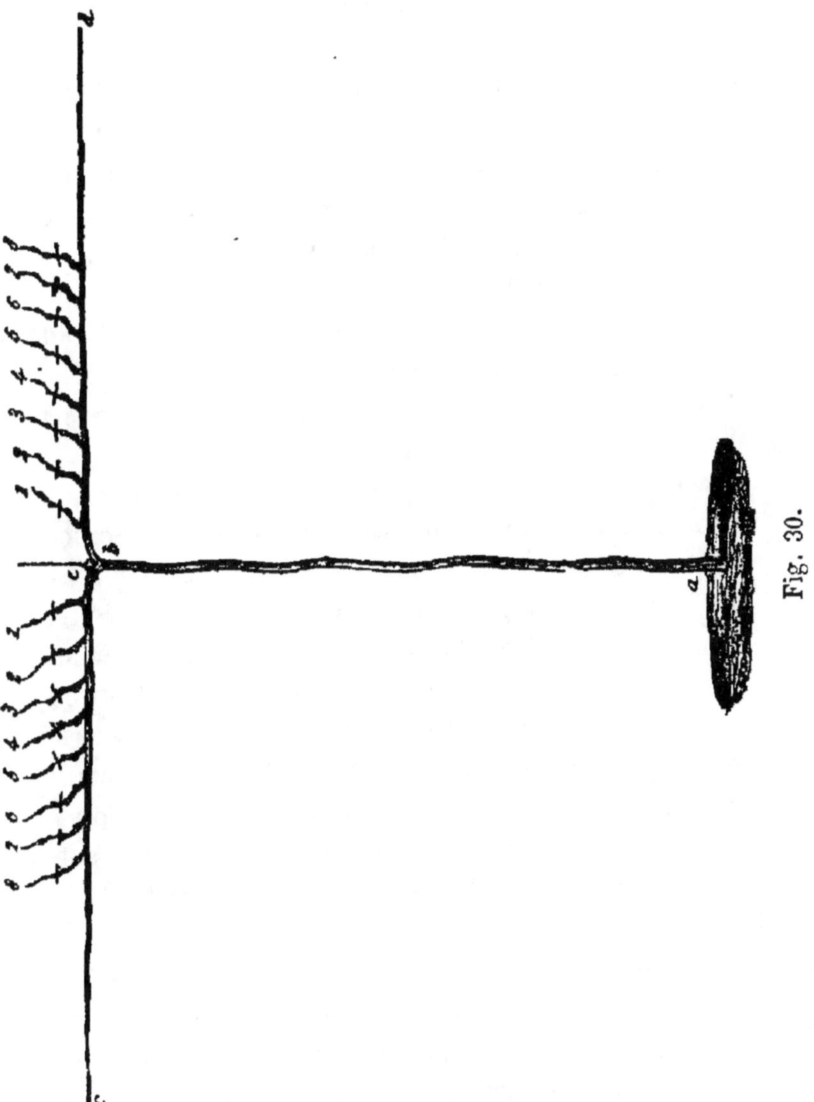

vrir les yeux latents situés à la base des faux bourgeons, à tel point qu'un certain nombre d'entre eux ne se développent pas ou donnent lieu à des coursons stériles. En pinçant les faux bourgeons dont il s'agit, je m'oppose à leur développement excessif; je favorise l'afflux de la séve dans les yeux latents qui, au printemps, donnent *tous* naissance à un bourgeon plein de vigueur. Grâce à ce procédé si simple, je puis donner à ma taille une longueur considérable sans craindre de nuire à la végétation de mes coursons. C'est ainsi que j'ai obtenu des cordons qui, au bout de quatre ans, présentaient de chaque côté un développement de 3 mètres, et dont tous les coursons étaient également vigoureux.

A une époque qu'il est difficile de préciser, mais que l'habitude fait toujours reconnaître, je pince l'extrémité des cordons *b c, b d*, dans le but d'équilibrer leur développement respectif. Celui de droite, produit par un faux bourgeon, sera nécessairement plus faible que le cordon de gauche, qui est le prolongement même du sujet; il devra donc être favorisé aux dépens de ce dernier. L'œil de la vigne étant toujours triple, il restera au point de jonction *e* (*fig 30*) un œil latent destiné à produire, l'année suivante, le bourgeon de prolongement du sujet *a b*.

Troisième année. — Je taille les deux cordons *b d, b c* (*fig. 31*) en *k* et *l*, à une longueur proportionnée à leur force, et je rabats sur les yeux qui sont à leur base les faux bourgeons marqués en chiffres; l'œil latent *e* (*fig. 30*) produit le bourgeon de prolongement *e f h* (*fig. 31*). Suivant la position de l'œil *f*, et lorsqu'il

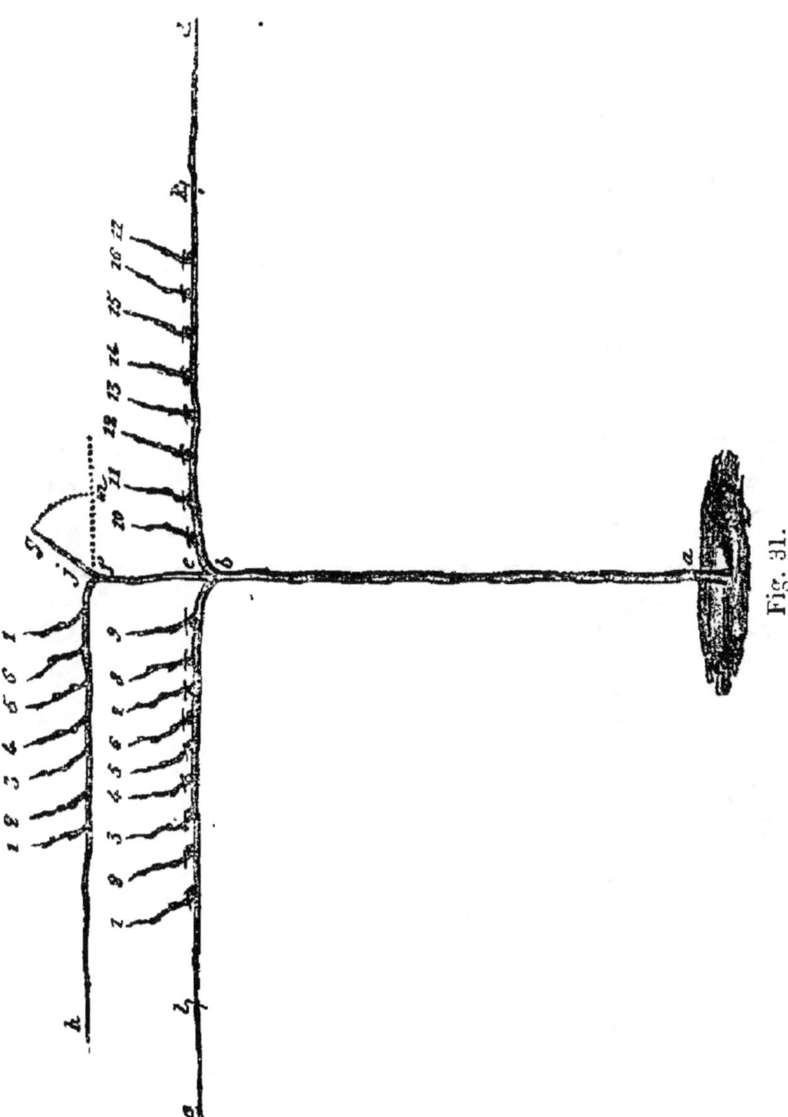

en est temps, je courbe le bourgeon *e f h* pour former le cordon *f h*, puis je ramène le plus tôt possible

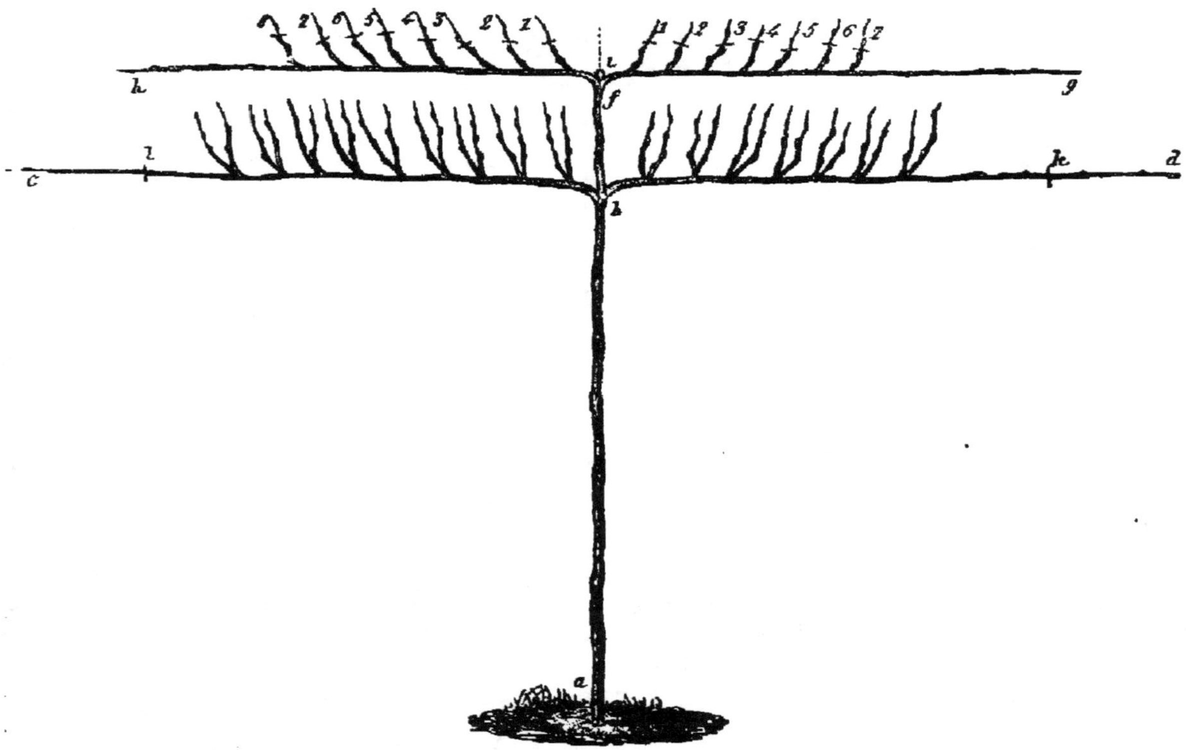

Fig. 32.

le bourgeon *j g* produit par l'œil *f*, dans la direction *y m* pour former le cordon de droite *f y* (*fig. 32*). Les faux bourgeons marqués en chiffres qui se sont développés sur les deux cordons *f g*, *f h* sont pincés comme il a été dit dans l'article précédent. Les bourgeons des deux premiers cordons *b d*, *b c* (*même figure*) sont arrêtés à deux yeux au-dessus de la dernière grappe, *sans avoir égard au coup d'œil*. Les ébourgeonnements successifs ont lieu comme dans les autres méthodes; et, à la fin de la troisième année, j'ai un cep de vigne pourvu de quatre cordons vigoureux, dont les deux premiers ont donné fruit.

Quatrième année. — Je taille les deux premiers cordons *b d*, *b c* (*fig. 32*) en *k* et *l*, suivant leur force. Les bourgeons qui ont porté fruit l'année précédente sont taillés à 8 ou 10 millimètres de leur base, jamais plus, afin de diminuer autant que possible la longueur du support des coursons, qui sans cela deviendrait bientôt démesurée. Je forme mes troisièmes cordons par les procédés ci-dessus décrits, et je continue ainsi d'année en année, jusqu'à ce que j'aie obtenu le nombre de cordons nécessaires pour couvrir l'espace dont je dispose.

Je termine par quelques mots sur un point important de pratique que je n'ai fait qu'indiquer ci-dessus.

Lorsque j'aperçois les grappes, je pince le bourgeon au-dessus de la dernière, si ce bourgeon ne pousse pas trop vigoureusement; car s'il poussait

trop fort, je ne le pincerais qu'après la défloraison.
Dans beaucoup de pays, on attend la dernière quin-
zaine de juin pour faire d'un même coup tous les
travaux de la vigne, et l'on ne voudrait jamais, si
maigre qu'elle soit, l'ébourgeonner avant que son
fruit fût assuré; et pourtant, pour peu que l'on y ré-
fléchisse, on doit comprendre que cette attente occasionne un retard qui fait perdre beaucoup de séve
et produit de nombreux inconvénients. D'abord, les
bourgeons des premiers cordons sont mêlés à ceux
des dessous, et ainsi des suivants; ils retombent les
uns dans les autres, s'accrochent mutuellement par
leurs vrilles, de façon qu'il est difficile de les séparer,
et les fruits qui se trouvent enfouis sous cet enche-
vêtrement avec les feuilles de la base de chaque
bourgeon sont étouffés, jaunissent et tombent dès
qu'ils se trouvent exposés au grand air; en outre, la
suppression, au mois de juin, des bourgeons inutiles
cause une large plaie aux coursons, si cette suppression a lieu au-dessus d'une grappe. On comprend
qu'à cette époque où le bourgeon est parfaitement
constitué, où la séve ascendante et la séve descen-
dante sont en pleines fonctions, un arrêt subit de
cette séve doit causer un refoulement trop considérable à cause du contact avec le grand air, et doit
déterminer une grande crise et une suffocation pour
la grappe; tandis qu'au contraire, si la séve avait été
conservée par un pincement fait à la première apparition des bourgeons inutiles, si l'on avait en outre
pincé les autres bourgeons à deux yeux au-dessus des

grappes, et supprimé les faux bourgeons au fur et à mesure qu'ils se montraient, tout le superflu de cette précieuse liqueur aurait reflué dans les grappes naissantes et dans l'extrémité des cordons. Les bourgeons d'élongation qui terminent les cordons ayant profité de ce surcroît de nourriture permettraient, à la taille du printemps, d'allonger chacune des branches de *plusieurs mètres*, au lieu de *quelques centimètres* dont on est forcé de se contenter autrement ; les fruits abondamment alimentés sont mieux exposés, l'air et le soleil exercent plus efficacement sur eux leur action bienfaisante, et leur procurent un suc plus doux et une maturation plus facile.

SEPTIÈME DIVISION.

DU GROSEILLER A GRAPPES.

Quoique le groseiller soit généralement d'une culture facile, qu'il s'accommode de tous les terrains et de toutes les expositions, il est regrettable de le voir traiter avec autant de négligence qu'on en a l'habitude ; c'est au point qu'on ne le taille presque jamais ; pourtant cette opération aurait d'excellents résultats pour la beauté et la saveur des fruits, l'hygiène de l'arbuste et la beauté de ses formes ; car on peut le tailler soit en buisson, soit en corbeille, en vase ou en quenouille.

La taille du groseiller à grappes a beaucoup de rapport avec celle de la vigne ; les coursons s'établissent sur toutes les maîtresses branches, quelle que soit la forme de l'arbuste, en coupant le rameau près de son insertion à ladite maîtresse branche, à une hauteur de 5 ou 6 millimètres, au lieu de leur laisser 5 à 6 centimètres, comme on le fait généralement, et c'est de la partie restée du talon que sortira toute la fructification du sujet. La branche à fruits étant ainsi traitée, produira des grappes qui seront massées autour de chaque taille, presque sur le corps de la maîtresse branche, en recevront directement la séve, et seront, par conséquent, plus belles et plus douces. Que si, au contraire, la taille est longue, comme on a l'habitude de la laisser, il se développe sur les branches à fruits de forts rameaux qui se nourrissent aux dépens des grappes, obligent les coursons à s'allonger chaque année, en dégarnissant le bas de telle sorte, qu'au bout d'un certain temps on ne peut plus distinguer ces coursons des maîtresses branches, et que, les fruits s'en trouvant très-éloignés, une partie de la séve se dépense en route, et ne peut plus leur arriver avec assez d'abondance pour les faire grossir à point, et leur donner la saveur nécessaire.

Le groseiller exige un pincement fait à point, surtout lorsque sur un courson se développe un bourgeon qui n'a pas l'air d'une lambourde à fruits. A chaque taille je diminue également le nombre des branches fructifères sur les coursons qui en sont trop chargés, afin d'en faire sortir de nouvelles chaque année par une taille très-rapprochée. Un gro-

seiller traité de cette façon a l'avantage de vivre
fort longtemps et de conserver son fruit frais et bon
jusqu'en hiver; mais il faut pour cela bien éplucher
le petit arbuste, le débarrasser des feuilles mortes
ou malsaines, des grappes véreuses et des insectes;
il faut, en outre, quand vient le mois de décembre,
lui adapter une chemise en paille, comme celle dont
on couvre les ruches, ou bien un paillasson qui fasse
le moins de saletés possible, pour le garantir des
premières gelées. Le groseiller à fruit noir, ou *cassis*,
et le groseiller *épineux* se taillent exactement comme
le précédent.

Je termine par quelques observations pratiques au
sujet de la greffe employée comme moyen de res-
tauration. Si on arrache un arbre chancreux ou de
mauvais rapport, le sujet replanté ne donnera pas en
dix ans ce que les greffes posées sur le tronc déjà
existant donneront en trois ou quatre ans, si elles
ont repris. Mais si aucune d'elles ne réussit, il est
bien rare que le tronc ne périsse pas, puisque la séve
ascendante ne trouve plus d'issue, qu'elle n'est plus
aspirée hors de la terre et qu'elle s'extravase dans
les racines. Pour obvier à cet inconvénient, j'emploie
un moyen qui me réussit très-bien et que je vais indiquer : Quand j'ai l'intention de couper un arbre
pour le greffer en couronne, je pose, un an aupara-
vant, dans le tronc, à 4 ou 5 centimètres au-dessous
du sol, une ou deux greffes dans le genre de celles
dites à la *louisette*. Pour cette opération, je fais dans
le tronc du sujet deux incisions, dont une verticale

et l'autre horizontale, puis, à l'endroit où ces deux incisions se rencontrent, je soulève l'écorce et j'y in-

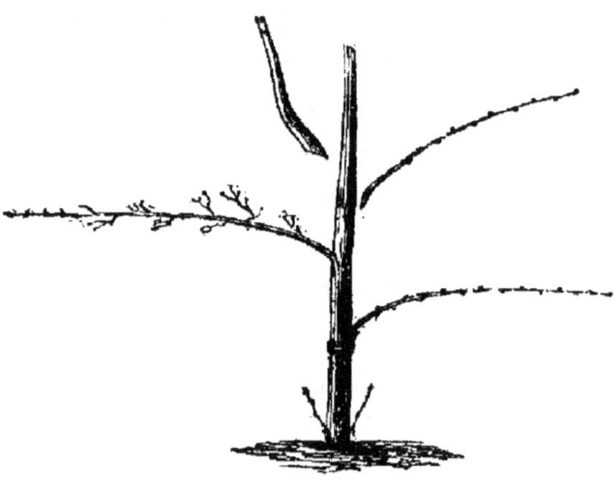

Fig. 33,

troduis la greffe taillée en bec de flûte, après quoi je fais une ligature avec de l'osier fendu (V. *fig. 33*);

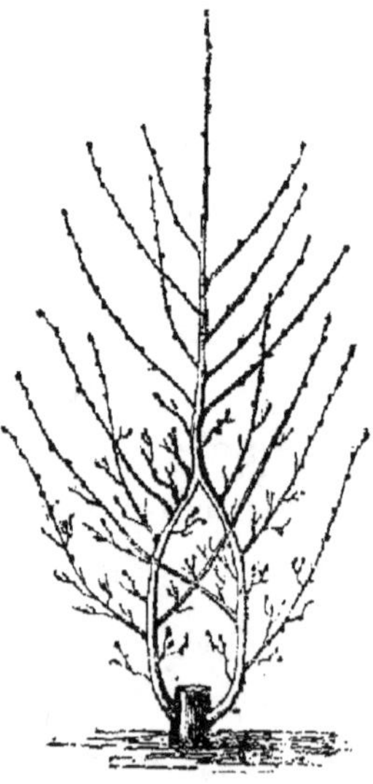

Fig. 34.

la réussite de cette greffe est infaillible quand elle est faite au printemps, lorsque la séve est en mouvement. L'année suivante, quand je viens scier l'arbre pour poser mes greffes en couronne, je suis certain d'avoir, en cas de malheur, un débouché pour ma séve, et ces greffes à la *louisette* aident même les secondes à prendre, parce qu'elles donnent à la séve de l'arbre les principes aériens qui lui viennent par les feuilles et qui la mettent dans ses conditions normales. Parfois, quand mes deux greffes en approche sont bien prises, je m'en tiens là, j'en forme un tronc (V. *fig. 34*), et, en trois années, je parviens ordinairement à avoir un arbre très-productif.

A force d'expériences faites sur les diverses manières de greffer, j'ai trouvé un genre de greffe très-avantageux, mais qui ne peut se pratiquer que sur pommiers ou poiriers : par ce moyen, on peut rendre aux arbres les membres qui leur manquent soit par suite d'accidents, soit que leur ramure ait été défectueuse dans l'origine; et je ne doute pas que ce moyen ne soit mis bientôt en pratique par tous les amateurs et les cultivateurs, attendu les avantages évidents qu'il procure. Voici la manière de le pratiquer : il faut, au printemps, détacher à l'endroit de son insertion sur la maîtresse branche un rameau que l'on plante en terre, à l'abri d'un mur et au nord, puis, au premier mouvement de la séve, on le taille en biseau sur une longueur de 4 à 5 centimètres. Ce rameau ou cette branche doit autant que possible avoir une courbe à sa base et du côté qui permettra le mieux de l'appliquer sur la tige à laquelle on le destine. Quand la greffe est préparée par une coupe bien nette, on la présente à la place qu'elle doit occuper et l'on incise jusqu'à l'aubier, en ayant bien soin de n'enlever que juste autant d'écorce que le volume du talon de la greffe en exige; puis, quand elle est à sa place, on met sur l'emboîture un morceau de laine que l'on attache solidement au tronc ou à la branche sur laquelle on a fait l'opération. Cette greffe peut ne pas être taillée, quand bien même elle aurait 50 ou 60 centimètres de long (V. *fig. 33*); j'en ai même posé une de 1 mètre 20 centimètres de longueur qui, quoique n'ayant pas été taillée, était fleurie d'un bout à l'autre l'année suivante, bien que n'ayant qu'une année d'existence sur le nouveau sujet. Toutes les branches que j'ai rajoutées de la sorte m'ont toujours donné de très-beaux fruits l'année d'après, et leur fructification a toujours été très-belle pendant toute leur existence. J'ai remarqué que plus cette greffe est longue, plus elle offre d'avantages pour le produit; je lui ai donné le nom de *greffe en application*.

FIN.

TABLE DES MATIÈRES.

Avant-propos... 5

Chapitre premier. — PLANTATION.................... 7

   § 1er. — **Du choix des arbres pour la plantation.** 12

   § 2. — **Un mot sur les pépinières et les pépi-
      niéristes**.. 15

   § 3. — **Nature des sujets à choisir pour la plan-
      tation**... 17

Chapitre II. — DE LA TAILLE........ 20

Première division. — **DU PÊCHER**................... 23

   § 1er. — **Palmette simple.** — *Première année*.... 23
          —   *Deuxième année*.... 25
          —   *Troisième année*... 29

   § 2. — **Palmette double.** — *Première année*.... 29
          —   *Deuxième année*.... 30
          —   *Troisième année*... 31

   § 3. — **De la forme en quenouille**............. 39

   § 4. — **Taille de la branche à fruit du pêcher.**—
      Première année, pincements successifs. 41
      Deuxième année, première taille...... 43
      Troisième année, deuxième taille..... 47
      Quatrième année, troisième taille.... 48

Deuxième division. — **DU POIRIER ET DU POMMIER.** 69
   Première année, pincements..... 70
   Deuxième année, première taille..... 70
   Troisième année, deuxième taille..... 72
   Quatrième année, troisième taille.... 73
   Cinquième année, quatrième taille.... 74

DE LA TRANSFUSION................................... 78

Troisième division. — **DE L'ABRICOTIER**........... 80

Quatrième divsion. — **DU PRUNIER.** 85

Cinquième division. — **DU CERISIER**................. 88

Sixième division... — **DE LA VIGNE**.............. 90
   Première année..................... 91
   Deuxième année..................... 91
   Troisième année.................... 94
   Quatrième année.................... 97

Septième division. — **DU GROSEILLER A GRAFFES**.. 99

EXTRAIT

DU

CATALOGUE DE LA LIBRAIRIE A^{te} GOIN

QUAI DES GRANDS-AUGUSTINS, 41.

AVIS IMPORTANT. — Le Libraire se charge de fournir tous les ouvrages qui lui seront demandés, neufs ou d'occasion. — *Le Catalogue complet de la Librairie sera envoyé, franco, à toutes les personnes qui en feront la demande par lettres affranchies.*

12 LIVRAISONS PAR AN, AVEC 24 PLANCHES COLORIÉES, POUR 9 FR.

L'HORTICULTEUR PRATICIEN

REVUE DE

L'HORTICULTURE FRANÇAISE ET ÉTRANGÈRE

Publiée avec le concours des Amateurs, des Horticulteurs et des Présidents de Sociétés d'horticulture de France et de l'étranger,

Sous la direction

DE M. N. FUNCK

Sous-Directeur du Jardin royal d'Horticulture de Bruxelles.

3ᵉ ANNÉE.

L'*Horticulteur praticien* paraît le 1ᵉʳ de chaque mois, par livraisons de 24 pages de texte accompagnées de deux planches coloriées. — Les abonnements datent du 1ᵉʳ janvier de chaque année.

Almanach du Jardinier-Fleuriste pour 1859, suivi de quelques notes sur le jardin potager, 6ᵉ année. 1 vol. in-18 avec fig. dans le texte.   50 c.
  Les années 1854, 1855, 1856, 1857 et 1858, chaque   50 c.
Arboriculture (*Manuel pratique d'*), par l'abbé RAOUL. 2ᵉ édit. 1 vol. in-18 orné de 11 pl.   2 25
Arbres fruitiers et de la Vigne (*Nouvelle Méthode de taille des*), par PICOT-AMETTE. 3ᵉ édit. 1 vol. in-18 orné de 37 grav. dans le texte. 1 50
Arbres fruitiers (*Instructions élémentaires sur la taille des*), par LACHAUME. 1 vol. in-18 orné de 20 fig.   75 c.
Asperges (*Instructions pratiques sur la plantation des*), par BOSSIN. 2ᵉ édition. 1 vol. in-18.   75 c.

Camellias (*Traité de la culture des*), par J. DE JONGHE. 2e édit. 1 vol. in-18. 1 fr.

Champignons comestibles et vénéneux (*Traité élémentaire des*), par DUPUIS. 1 vol. in-18 avec 8 pl. col. 1 75

Conifères (*Traité général des*), ou Description de toutes les espèces et variétés connues aujourd'hui; leurs synonymie, procédés de culture et de multiplication, par A. CARRIÈRE. 1 vol. in-8. 10 fr.

Fuchsia (*Histoire et Culture du*), suivies de la description de 540 espèces et variétés, par F. PORCHER. 1 vol. in-18. 3e édit. 2 fr. 25

Jardin Fleuriste (*Le*), ou *Instructions* simples et précises à l'usage des amateurs et des horticulteurs, pour la culture des plantes d'ornement, annuelles ou vivaces, oignons à fleurs, etc., par Charles LEMAIRE. 1 vol. in-18 avec figures. 3 50

Jardinier multiplicateur (*Guide pratique du*), ou *Art de propager les végétaux* par semis, boutures, greffes, etc., par CARRIÈRE. In-18. 3 50

Jardinier potager. (*Almanachs de 1854 et 1855.*) Ces deux almanachs forment un cours complet de culture potagère. 1 fr.

Melons (*Culture des*). Méthode simple et précise pour obtenir les melons d'une grosseur extraordinaire, etc., par DUFOUR DE VILLEROSE. 1 vol. in-18 avec 5 grav. pour l'explication des tailles. 75 c.

Pêcher en espalier (*Instructions pratiques sur la culture du*), par LASNIER, horticulteur. In-18. 50 c.

Reine-Marguerite (*Culture de la*), par MALINGRE. In-18. 30 c.

Rosier (*Culture du*), par Hippolyte JAMAIN, horticulteur. 1 vol. in-18 avec fig. dans le texte. (*Sous presse.*)

EVREUX, A. HÉRISSEY, imp. — 559.